后浪出版公司

收纳，让家务更轻松

家事がしやすい部屋づくり

[日] 本多沙织 著

陈怡萍 译

四川人民出版社

目录

※ 本书中出现“*”标记的商品，均于书末刊载了相关咨询方式及品牌名。

序言

『家务』是什么？

一提到家务，我们马上就会想到打扫、洗衣服、做饭。除此之外，还有照顾孩子、买东西、缝纫、管理家庭收支、照顾老人、与他人联络交往……总之，包括的事情太多了，无法一下子全部说完。但是，想让日常生活顺利有序地过下去，这些家务事是一定不可缺少的。甚至可以说，每天的家务活就代表着我们的生活节奏，而能否心情愉悦地打理家务，关系着每天的幸福。我始终这么认为。

以个人客户为对象提供整理收纳服务的工作，2015 年已进入第 5 个年头。以“自己可以轻松地收纳”与“物品适得其所的收纳法”为目标，我在客户的家里帮忙收拾，同时“升级更新”自己的家。这么做是为了什么呢，正是为了充实平凡的每一天。在这本书里，关于家务，关于如何布置房屋使其有助于轻松打理家务，我想尝试一些新方法。

makita

『家务』之于我

等什么时候可以独自生活了，我要经常愉快地整理屋子。晒晒被子，让它变得蓬蓬松松的。从小时候起，我就对“整洁有序的生活”非常憧憬。由于我的父母是双职工，工作一直很忙，所以没有办法像这样把重心放在平时的生活上。这样的家庭环境或多或少对我产生了影响。

6年前，我和丈夫期盼已久的小家庭生活拉开了序幕。前一天把蔬菜材料准备好，第二天做饭就能轻松很多。事先把房间整理妥当，就能愉快地立刻开始做事。家务当然也是如此，一分耕耘一分收获，带给我“舒适生活”的奖赏。

享受家务的诀窍在于要有“关怀心”。为了让丈夫在洗澡的时候放松身心，为了让我自己每天心情愉悦地站在厨房里做饭……像这样对自己和家人的“关怀心”，最终成了我坚持做家务的原动力。

『家务』与『收纳』息息相关

最近，我从客户那里收到了这样的来信：“我们家里那个乱七八糟的厨房，我早就看习惯了，对我来讲，那里已经像是‘堆砌的风景’。而这次和本多女士一同整理之后，厨房里的各个物品都放在目所能及之处……每样东西都放在应该在的地方，厨房一扫之前的灰暗状态，连丈夫也变得愿意站在厨房里了。”

实际上，觉得做家务很烦躁，大部分原因在于收纳问题。比如用具拿放不方便，不得不在乱糟糟的场所干活因而感到逼仄等，都会给不断重复的家务活添麻烦。反过来讲，如果能创建一个可以顺畅取放物品的收纳场所，安排出方便整理的收纳体系，那么做家务自然会变成一件愉快的事。要是做起家务来心里感觉不耐烦了，就得立刻改善收纳方式。家务与收纳，实际上有着紧密的联系。

240
cm

第一章

本多家的『家务』

只需改变一下方式、构造，家务活就会变得越来越轻松。为了不断追求简单与便利，我家的家务方法也在日日更新中。懒人一个的我，终于做到了轻松做家务。请欣赏最新版“我家的家务方法”吧。

1. 家务活必需的用具要易于取到

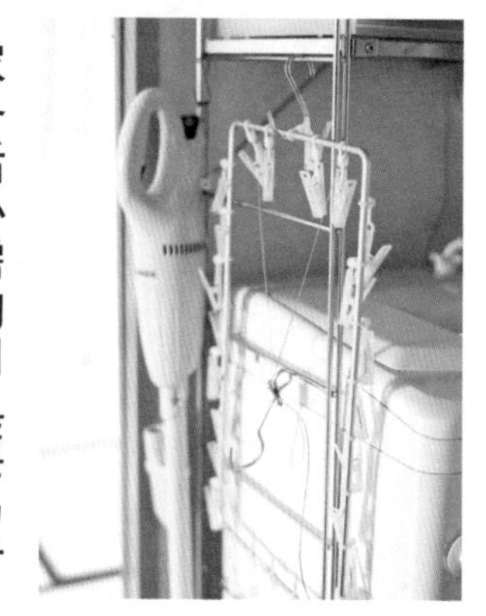

打扫地板用的吸尘器和抹布，晾晒衣服用的方形衣架……不管什么家务活都需要用到相应的用具。为了想做的时候顺手，要将用具放在易于取到的地方，使其始终处于方便使用的状态，这直接关系到家务活的效率。但话说回来，实际需要用到的用具并没有那么多，所以只要把每天都会用到的“超1军”用具放置在易于取到的地方即可。

2. 重复动作造成的麻烦不可置之不理

“常使用的‘1军’盘子都叠在了一起，每次要拿的时候都得用两手取出”“如果要从抽屉深处拿出炒锅，得叮叮咣咣地挪动两边的锅碗”……你是否也有这种几乎变为自然的家务压力？首先，能意识到它很重要。其次，如果明白原因，那么考虑解决方案本身也是桩乐事。

3. 物品的固定放置地点要明确

只要物品的固定放置地点明确，就无须特意整理，东西总是散乱的问题也能缓解不少。如果想让家人也清楚物品的固定放置处，我推荐大家使用标签做标记。另外，在确定固定位置做收纳前，根据用途和使用频率对物品进行分组很重要。那么，如何用简单易懂的规则进行收纳呢？关键就在于“可以口头说清楚的分组方式”。

4. 有通风良好的走道

这是我在搬进通风顺畅的住宅区后才发觉的事。家里有通风良好的走道，对于消除家中浊气来说是一个关键因素。晒洗衣服，使用吸尘器，刷洗厨房水槽…… 干这些家务活时，空气的循环流通必不可少。哪怕只是为了让家中空气更好，也要早晨一起床就开窗，记得每天多通几次风。

5. 接下来安排点轻松活吧

如果把一整天的家务量比作 10 的话，我认为其中有 1/10 是为明天的家务活“储蓄”。“家务储蓄”，是指为了让稍后的自己多少减轻一点负担而提前帮点小忙。比如，晚上预先把洗好的衣服晾起来，头一天洗好第二天用的蔬菜等。像这样为了以后轻松而进行的“家务储蓄”，是对未来自己的小小照顾。

6. 采取适合自己的方法

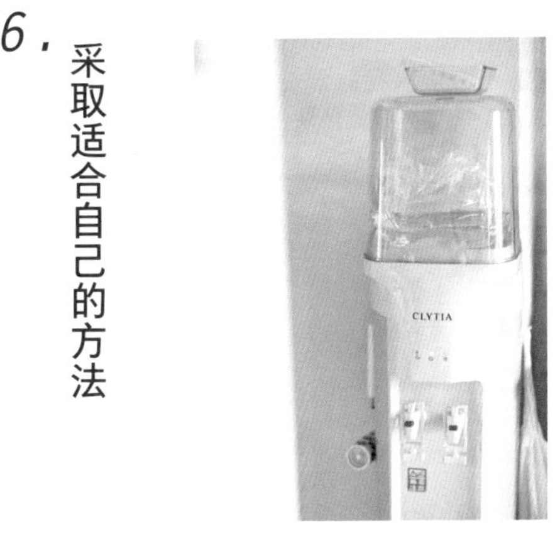

最近我经常觉得，“无论是多棒的家务方法，都没有绝对正确的答案”。至今为止，为了追寻所谓的“正确答案”，我尝试模仿各种各样的方法，结果却发现，自己的家务风格得按照自己的性格和具体状况来定。觉得好就采用，觉得不合适就省略。觉得按照这种方法做家务自己能坚持下去的话，就按这种方法安排，具体方法因人而异。

本多家的家务清单

妻子（我）负责 →	◇买东西　◇做饭　◇消耗品补给 ◇打扫方面（地板、厨房、厕所、浴室、水池、窗户、阳台） ◇熨烫衣物　◇家庭经济管理　◇支付业务 ◇修补、替换坏了的物品　等
和丈夫共同做 →	◇扔垃圾 ◇洗餐具 ◇洗涤相关（晾晒、收好、叠好、整理） ◇年末大扫除（换气扇、空调） ◇晒被子
丈夫负责 →	◇擦鞋
外包 →	◇洗衣店（西装、大衣、领带） ◇洗车　◇油炸食品（不在家做，买外卖）

刚结婚的时候，我基本上处于全职家庭主妇的状态，因此一手包办了家务事。但是，我至今都忘不了在结婚两周年纪念日的那个深夜，我们夫妇俩就家务分工问题，展开了激烈的讨论。

当时，由于手头的整理收纳工作刚开始进入轨道，我非常忙碌。因此，一人包揽家中所有的家务活对我来说压力巨大。而这份压力，在那天丈夫就寝后终于爆发了。我把丈夫从床上摇醒，向他抱怨起来："我现在脑子里都被家务塞满了，'明天好像要下雨，就先不洗衣服了吧''啊呀，得赶快用完冰箱里的卷心菜'，像这样不停地想。明明是我们两个人过日子，为什么全是我在做家务呢？"

随着时间推移，最近几年，我的这种不满已经烟消云散。虽说丈夫依然没有成为"家务男"，但已经逐渐萌生出了要做点家务活的意识，比如，他会主动说"啊，我来洗碗好了"，或者在听到洗衣机洗完的提示音响起后说"好嘞，我来晾吧"。我的家务负担并没有减轻很多，但是不用再拼命发号施令了。丈夫帮忙之后，我一定会说声"谢谢"。我明白，这是一个维护夫妻"双赢"关系的诀窍。

本多家的生活动线

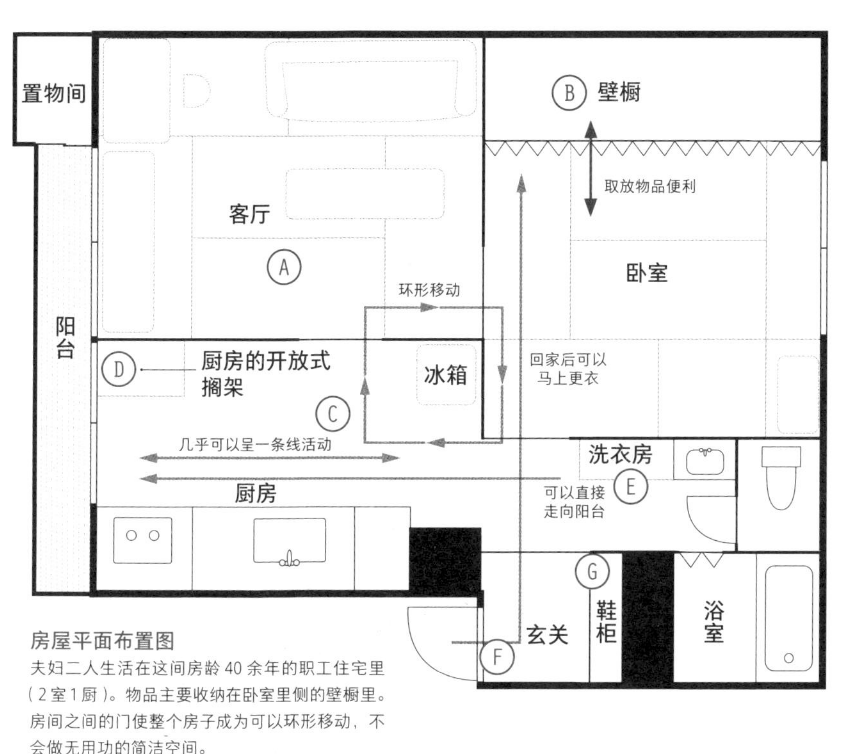

房屋平面布置图

夫妇二人生活在这间房龄 40 余年的职工住宅里（2 室 1 厨）。物品主要收纳在卧室里侧的壁橱里。房间之间的门使整个房子成为可以环形移动，不会做无用功的简洁空间。

Ⓐ 客厅（→ P.16）

我家的主舞台。我一天中大部分时间在此度过。这里用到的生活用品并不多。

Ⓑ 壁橱（→ P.18）

可以说是“休息室”。必需的衣服和被子在此“待机”，等轮到它们的时候再出场。

Ⓒ 厨房（→ P.20）

食物、餐具、垃圾等，平常所有东西都在此“活动”。这里比较容易弄脏，要注意迅速清理。

Ⓓ 厨房的开放式搁架（→ P.22）

本多家的食品仓库。这里管理着食品库存。如果存储数量太大会很难收拾，所以这个尺寸就足够了。

Ⓔ 洗衣房（→ P.23）

每天都要运转的场所。毛巾、内衣、日用消耗品等，在这附近会用到的物品都归集于此。

Ⓕ 玄关（→ P.23）

空间狭小。洗衣机周围容易堆积灰尘，因此需要仔细打扫。出门穿的鞋子，我们夫妇俩一人放一双。

Ⓖ 鞋柜（→ P.23）

靠得住的收纳库。不只是鞋子，也可收纳书、相册、纸袋。在整个家里属于较为宽敞的收纳空间。

A 客厅

“吃饭、工作、休憩”场所。使用物品要紧凑地归类分组

沙发扶手上立着的木盒，变身迷你书架。也可放置空调遥控器

①**书架** / 空隙处放置木质家具 ②**纸质物品与文具等物的临时保管箱** / 不知该处理还是该保存的纸质物品都放在里面，每月整理 1~2 次 ③**文件** / 文件分类归档 ④**工作空间** /1 张榻榻米面积的小角落处放了一张桌子，桌上只摆笔记本电脑 ⑤**桌子下的架子** / 对于收纳空间少的客厅来说是块“宝地”。指甲刀、湿纸巾、杯垫等，只放这里会用到的物品

收纳要点

文具只放入必需的

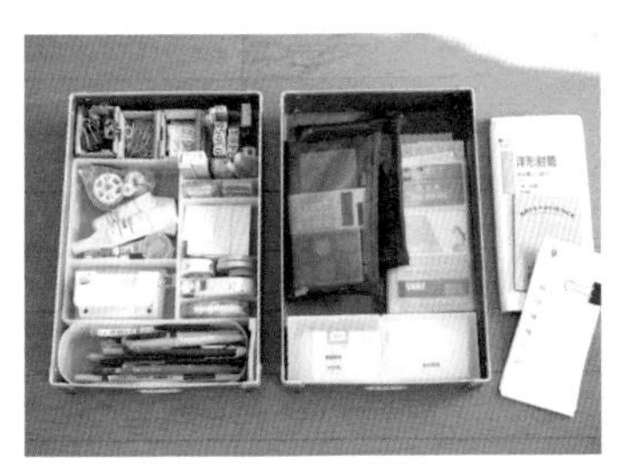

回神一看，文具越积越多。不要胡乱增加数量，平时注意只保留常用的“1 军”

『当季书籍』之角

收纳现在想读的书和杂志。开本小的文库本收在小筐里，便于取放

○○专用的抽屉

左侧放充电器等电子产品，右侧放丈夫的小物件。可以像这样做一些专用抽屉

仅在沙发上用到的物品

杯垫等日常辅助物品，只在此处使用的物件统一放在桌子下面的架子上

文件归档

工作相关文件等，按文件类别整理归档、贴上标签后，想用时就能迅速找到

悬浮收纳，节省空间

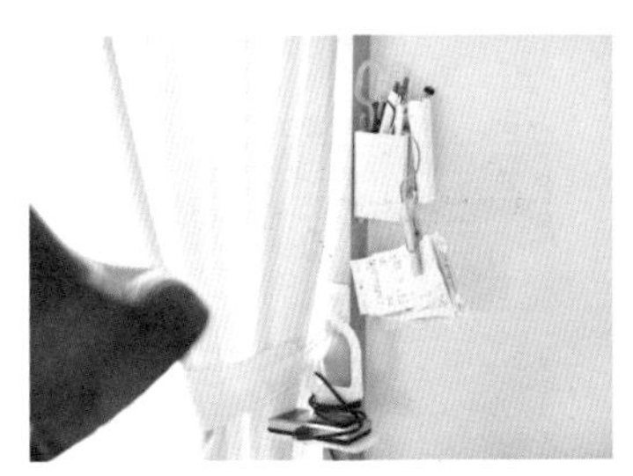

桌子没有抽屉，因此文具和 Wi-Fi 采取“空中收纳”的方式。笔筒就粘在窗框上

放进去正好！

这个架子正好可以填满这个空隙。空隙里的 2 根短支杆，也可起一部分支撑作用

不碰到地板，打扫更轻松

为使插座不碰到地板，可以把电线卷起来，挨着插口贴在墙上

B 壁橱

衣服等待“出场”的“休息室”。根据使用频率决定收纳位置

①**过季衣服等** ②**派对用品、纪念品** / 分类收入箱子 ③**熨烫用具**（放在前面）、**过季衣服和礼服**（放在里面）④**不怕变皱的丈夫的衣服** ⑤**我的过季衣服** / 放在拉开帘子就看得到的地方 ⑥**丈夫的其他衣服** / 需保持不皱的衣服放在此处 ⑦**主要是我的工作资料** / 保持能立刻查看的状态 ⑧**包和小袋子**（上面），运动服（中间），我的工作相关备品库存（下面）

收纳要点

伸缩自如，紧挨型收纳

壁橱中放入 * 爱丽思欧雅玛的“壁橱挂杆”，使空间功能最大化

用支架，有效利用空间深度

下个季节之前都不会穿的外套，利用纵向架设的强固支架，收纳到壁橱深处

抽屉收纳，分区整理很重要

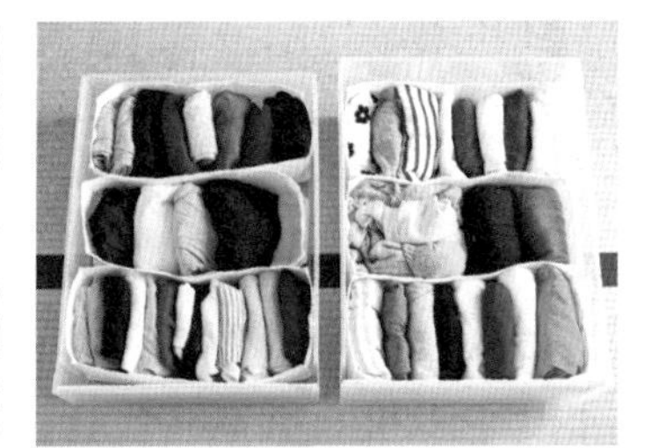

抽屉里使用 * 无印良品的“无纺布分隔盒”，按种类分区整理

里面的箱子贴上标签

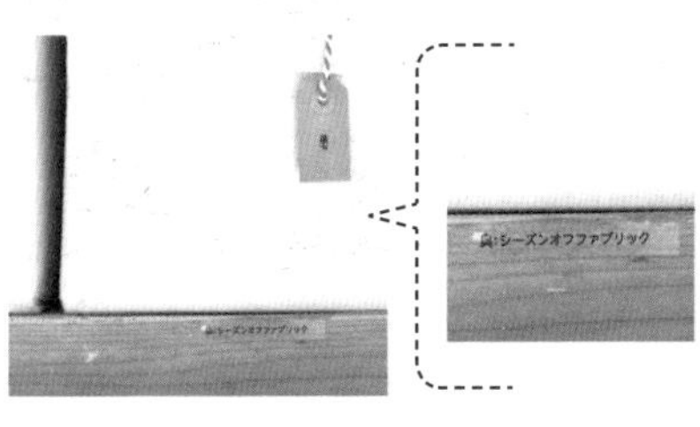

给放在顶柜的箱子贴上标签，只要看一眼就能知道里面收纳着什么

红白事用品整理方便

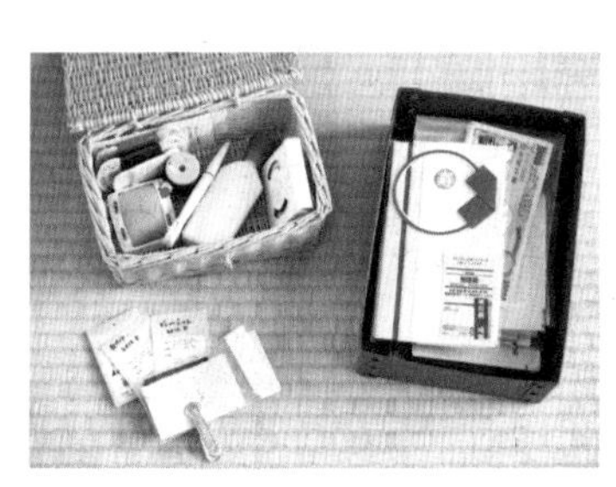

像把缝纫用具归整到一起一样，礼金袋、新纸钞、胶水笔等红白事用品也收集在一起

便于拿取深处物品的构造

安装壁橱滑竿，使放在深处的衬衫也能被轻松取出

吊挂起来，保持形状

把包挂在壁橱下方安装的支架上，这样就不必担心压坏包的形状

放置工作相关物品的杂物箱

里面放着我工作要用到的东西。把“工作相关物品”收在一起很便利

Ⓒ 厨房

每天都会用的用具不要收起来。采用单手就能取用的开放式收纳

①**使用频率低的储存容器、搅拌机部件等** ②**每周使用 1~2 次的“2 军”餐具** ③**饭碗、汤碗和茶杯等每天会用的餐具** / 单手就能取放，每天做饭很轻松 ④**储存容器、便当用品、药品、“2 军”料理用具** / 利用抽屉收纳盒，放在里层的物品也可顺利拿到面前 ⑤**洗涤剂、消耗品、工具** ⑥**平底锅、调味料** ⑦**垃圾袋、调味料等** / 采取打开门就能取放的“门后收纳法”

收纳要点

抽屉式收纳，取用便捷

使用抽屉，充分活用深层空间。拉开抽屉，一目了然

打开后是这样的。物品总量也清楚明了

每一个平底锅都有固定位置

想要单手拿取平底锅，可以把它们放入立式文件盒，使其自动立起。调味料统一放入盒子里

用钢架分成两层

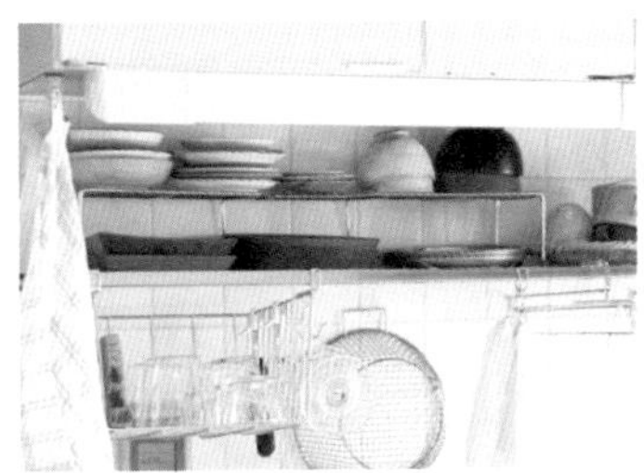
每天用到的餐具置于开放式搁架上。想分成两层收纳，于是在百元店买了 300 日元的架子

活用门后空间①

悬挂于门后的架子（P.124）非常方便。不用蹲下就能取出需要的东西，很轻松

活用门后空间②

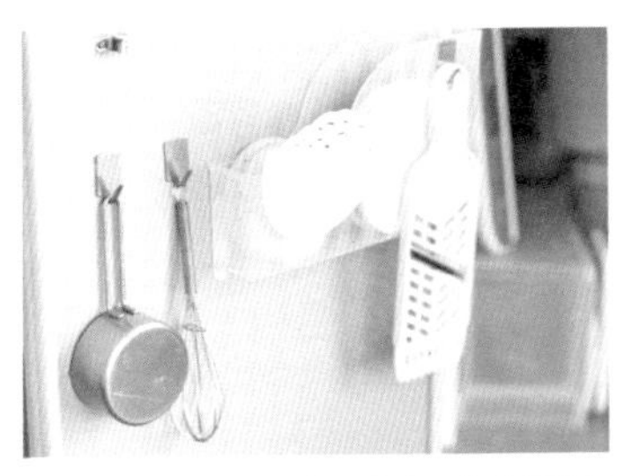
安上文件盒，里面放着储存容器的盖子等轻巧物品。总之，门后面也要充分利用

不常用的『3军』收进杂物箱

在吊柜最上层，把东西放进宜家的“VARIERA储物盒”里，这样容易取放物品

不断进步的餐具收纳

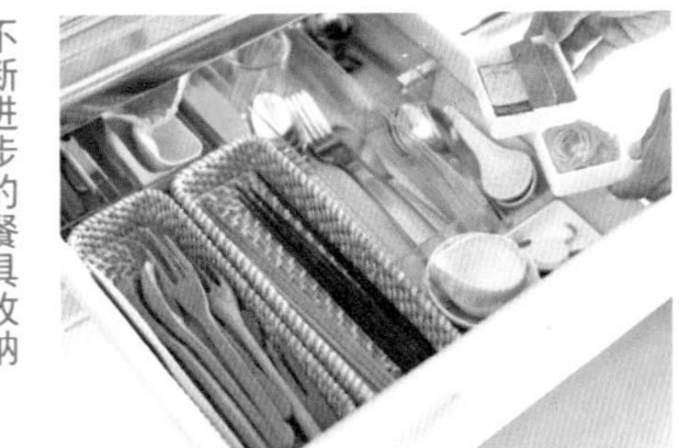
经过数次调整，发现现在这个方法最好。橡皮筋之类的小物品收集在套盒里

D 厨房的开放式搁架

尺寸大小合适，管理轻松。此处收纳储备食品

①**抹布等布品**（上层）、**瓶装调味品**（下层右边）、**拆掉包装收纳在一起的打扫用薄布与海绵**（下层左边）②**日常使用食材**/装入容器中，更方便取用 ③**食材集中放在这个3层抽屉里**/茶叶、点心类（上层）、干货（中层）、速食食品与罐头食品等（下层）

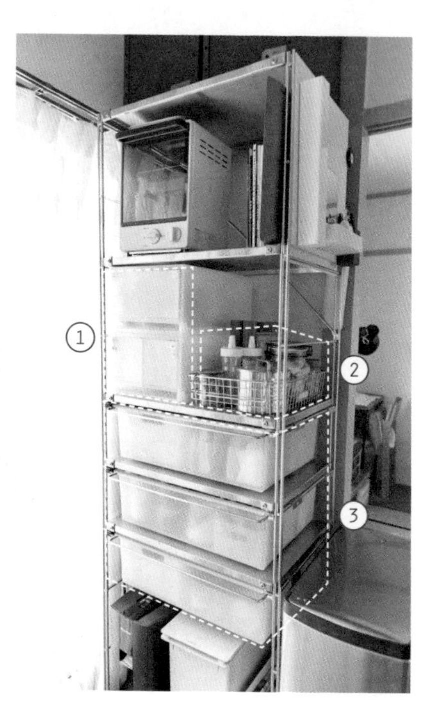

收纳要点

看得见里面放的是什么，立刻就能取出

茶叶、芝麻等采取开放式收纳法即可一目了然，因此常用玻璃容器收纳

用宜家储物箱分区整理

在箱子里划分空间，手帕、毛巾和托盘不"打架"

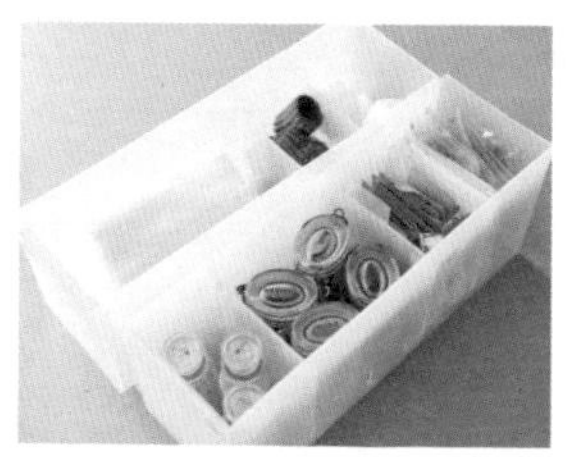

如有固定位置，简洁清爽

根据不同种类收纳，是方便使用的诀窍。盖子上贴好标签

壶也放进抽屉

壶也一并收纳进抽屉。这样一来，放茶叶的时候就能动作流畅

铁则：重的罐头物品放在下层

有些重量的东西放在最下层。形状相似的归在一起，收纳更容易

玻璃盖子，一目了然

中层放干货。盖子也选用玻璃材质的，从上面看下去一清二楚

E 洗衣房

洗涤、晒干、折叠。所有步骤在此完成

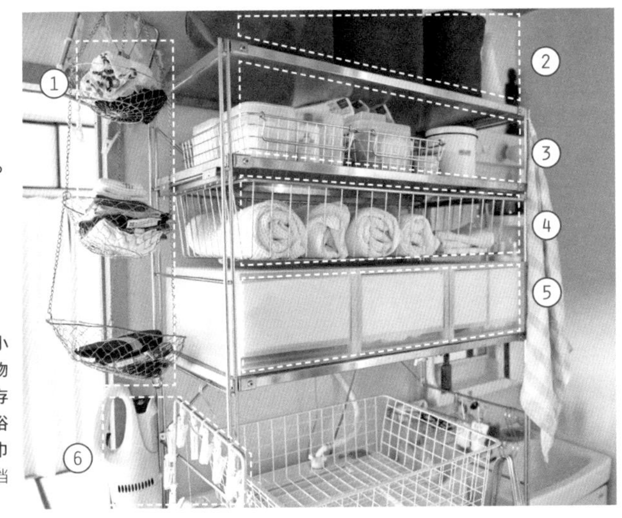

①（从上至下）手套等季节性小物品、手帕、丈夫口袋里常放的物品 ②厕纸等消耗品按种类不同保存好 ③（从左至右）独立包装的入浴剂、肥皂、吹风机、肥皂粉 ④毛巾与浴巾 ⑤内衣 / 前面插入白板，挡住视线 ⑥家务用品固定位置

F 玄关 让出门更顺畅

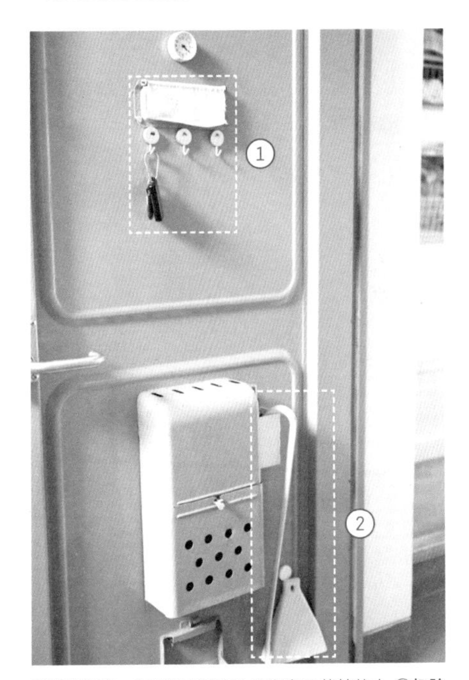

①家门钥匙、车钥匙 / 挂在 * 无印良品的挂钩上 ②扫除用扫帚、簸箕、鞋拔子 / 立刻就能用上，因此使用频率很高。迷你箱中放着护手霜

G 鞋柜 自由创意，收纳除鞋子以外的物品

①吸尘器充电器 ②自己写的书、喜欢的漫画、CD、相册 ③夫妻俩去健身房的携带包、防灾应急包 ④纸袋 / 窄条空间中部贴上亚克力隔板，悬空收纳 ⑤伞 / 悬挂在空出的地方

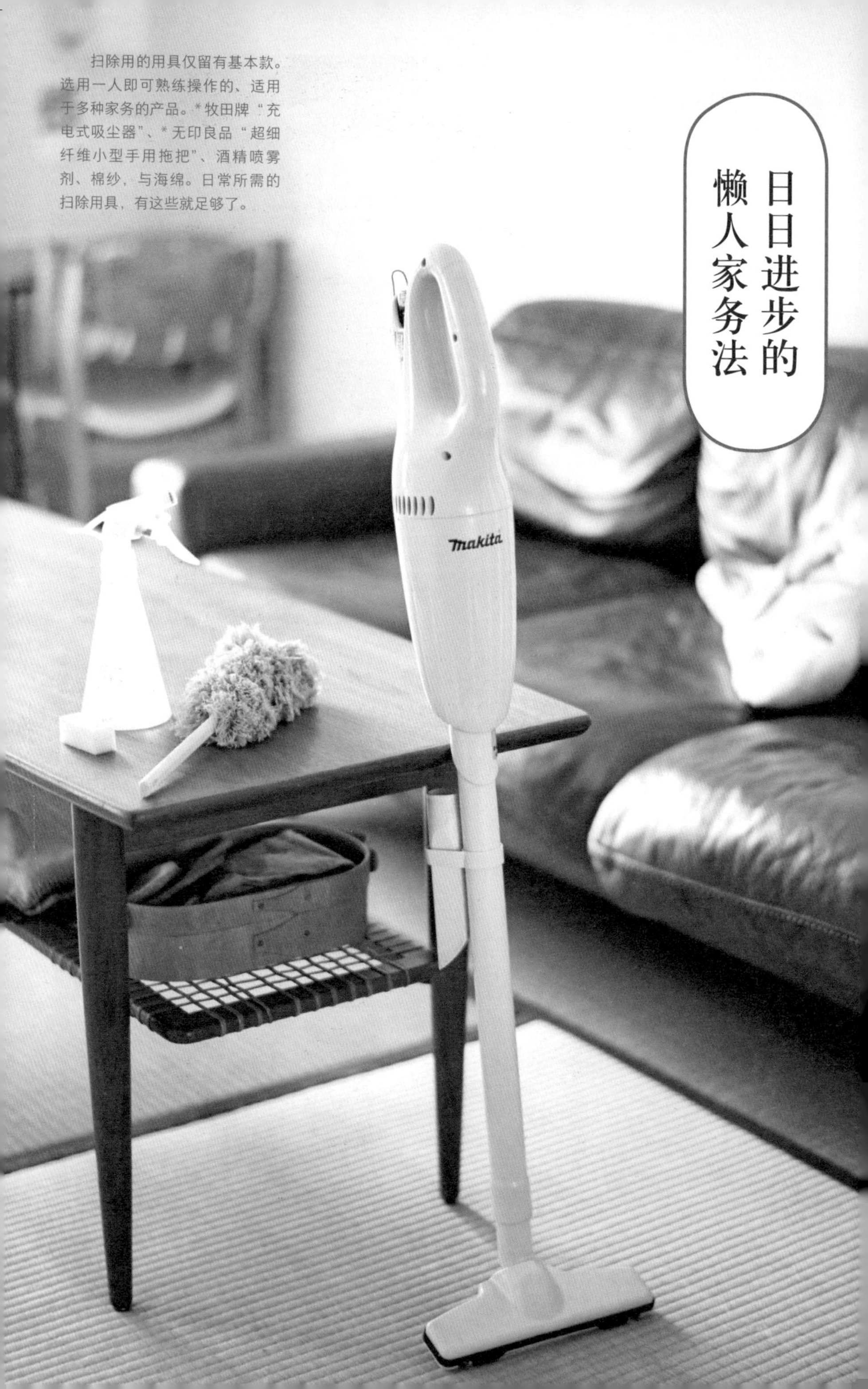

日日进步的懒人家务法

扫除用的用具仅留有基本款。选用一人即可熟练操作的、适用于多种家务的产品。*牧田牌“充电式吸尘器”、*无印良品“超细纤维小型手用拖把”、酒精喷雾剂、棉纱，与海绵。日常所需的扫除用具，有这些就足够了。

早晨起床时，或是工作结束一身疲累回到家里时，无论什么时候，对于自己所处的这个空间，我总是希望它能最大限度地让自己放松。我对这种需求的渴望还是比较强烈的。但与此同时，又有“另一个我”觉得“好麻烦”。虽然觉得麻烦，也还是希望家里始终整整齐齐。为了实现这一点，我认为有必要采取“尽量使家务可以轻松进行的做法”，即“懒人家务法”。

为了打扫，需要特意跑到一个地方拿手用拖把，如果是这样，那就把拖把放在不用走到某个地方就可取到的位置吧；如果觉得把洗好的衣服拿到阳台晾晒很麻烦，就把方形衣架挂在洗衣机旁边，挂好衣服后一次搬去阳台，减少移动次数。“这么做很麻烦，我该怎么办?”以这样的疑问为起点考虑家务方法，那么刚开始时就懒得做的念头，应该能消除不少吧?

用起来便利的用具只有一件，所以选择时不会犹豫，用具的收纳场所只有一处，所以放回去时也很方便。如果事先采取这种简洁明快的安排，懒人也能坚持做好家务。为了研究出“更懒惰的方式”，每天我都在不断地试错。

打扫用具立刻能用的『开放式收纳』

吸尘器、洗衣篓、方形衣架都悬挂起来，立刻能用上

要做擦洗工作时，可以先在水桶里放满水，然后再移动，这样做效率超高。为了使水桶立刻就能用上，我将它放在了洗脸台下方

我从以前开始就很喜欢打扫。因为只要做了就能看到相应的成果，看一眼就能让我心情舒畅。虽说我是个喜欢大扫除的人，但如果每次都要拟个计划，挽起袖子摆出大干一场的架势，那我是万万不愿意的。

因此，对于每天的打扫工作，我都是“想到就干”。采取这种方式时有一点很重要，就是要能立刻拿到用具并投入使用。在我家，不会把所有物品集中于一处收纳，扫除用具都是各得其所，分散于各处。平时尽量采取开放式收纳法，在做某件事的过程中，单手就能马上拿取需要的物品。这么一来，一看到哪里脏了，就可以立即处理，不会再视而不见。“用具始终处于马上就能用上的状态”——这就是最轻松的打扫方法。

※ 用具介绍请参考 P.122

手用拖把①

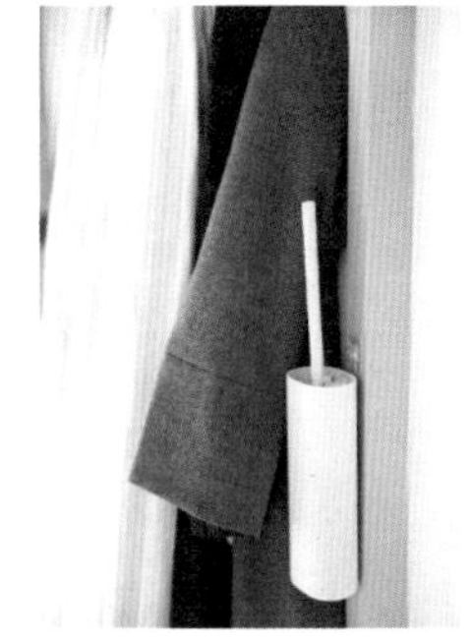

被子、衣物经常拿出放进，容易抖落灰尘，所以卧室里也常备手用拖把

手用拖把②

放在厨房的开放式搁架与墙壁之间的空当处。一看到有灰尘，立刻能用上

地板拖把

放在一般作为打扫起点的玄关附近。顶端吊挂在钩子上，这样就不会倒下来了

卫生间的打扫用具

地板上不放任何东西，因此我家的卫生间打扫起来很轻松。扫除用具置于水箱左右

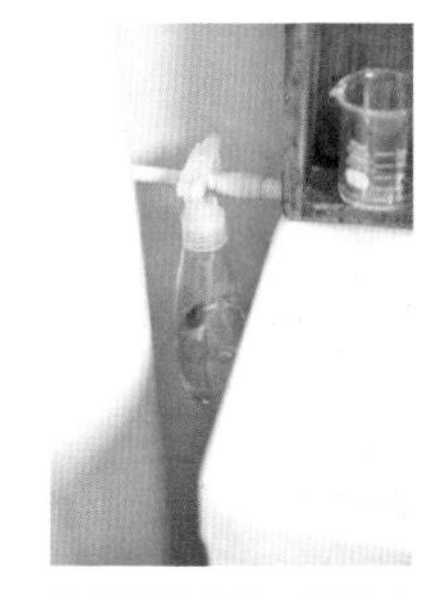

马桶清洁使用“洁厕喷雾”。挂在杆子上便于取用

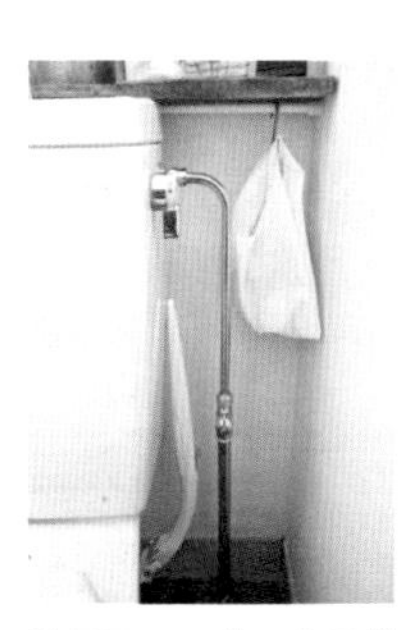

刷子用 *3M 的“高曼 TM 挂钩”吊起来。袋子里放着刷头的替换装

用水周边道具

浴室里用的海绵和洗涤剂，选用可以挂在毛巾杆上的产品。便于沥水

酒精喷雾

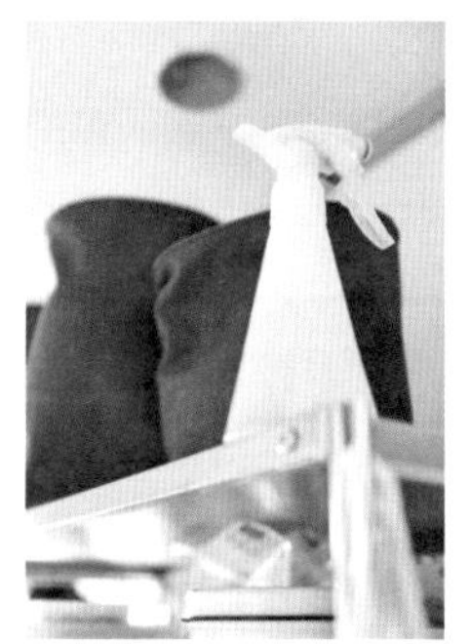

用含酒精的清洁剂擦净洗脸台附近。清洁剂装在喷雾瓶中置于搁架上

各种洗涤剂

厨房水槽下方的抽屉，收纳着基本的洗涤剂和备存品。打开来一目了然，不会迷茫

『挂起来』，方便整理

丈夫比我还懒，选用“吊挂式收纳法”就能将物品轻松“归位”

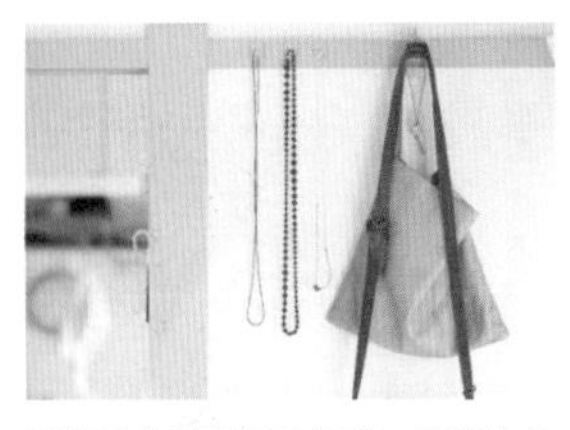

回家后立刻把包挂起来，项链也从脖子上取下挂好。分开挂，长款项链也不必担心会缠绕在一起了

你是不是不知不觉总会把东西放在某个固定场所？“吊挂式收纳”正是为此诞生的。知道自己通常会将物品放在哪里之后，试试看在附近墙面、家具侧面安装挂钩等可以挂东西的用具。通过确定固定位置，物品整理起来更方便了。

而且，“吊挂式收纳”= 可单手拿取物品的收纳法。只要做些简单动作即可轻松收拾整理，也易于坚持下去。话虽如此，“那就把所有东西都挂起来吧”这种想法可不行哦。挂太多的话反而不好拿下来，而且不常用的东西挂起来容易积灰。请注意，吊挂物品只限于“1 军”范围。1 个挂钩只挂 1~3 件同类型物品。

擦手布挂在方便取到的地方

擦手、擦餐具的擦布，挂起来比较容易晾干。用吊挂着的沥水篮收纳玻璃制品

『超1军』用具，单手拿取

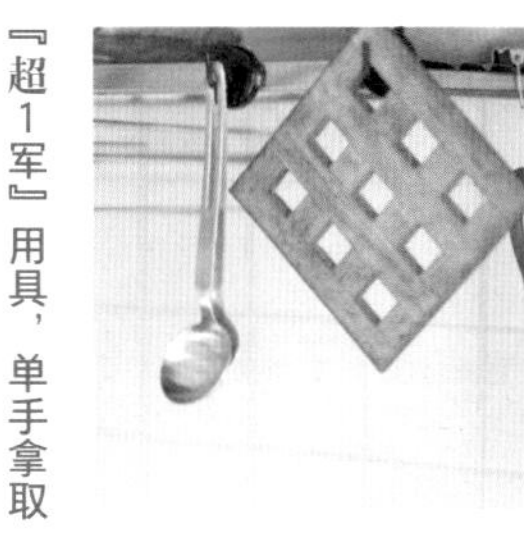

挂于水槽上方搁架边的料理用具，仅限“超1军”。单手就可拿取，料理流程变得更顺畅

穿过一次的衣服放在这里

穿过一次的裤子固定挂在窗边的“S”形挂钩上。有时候，会就这么一直挂在这儿，直到下次穿的时候再取下来

洗衣机周边也有挂钩

踏脚布挂在洗衣机前面。洗衣服必需的用具吊挂于洗衣机旁，随时待命，提高效率

放在口袋里的东西也可马上归位

从玄关到卧室方向的路线上挂有吊篮。“丈夫口袋里的东西”固定放在此处

丈夫每天穿的西装衬衫的固定放置处

使用在百元店买到的“门楣用挂钩”，确保粘在直通玄关的特优方位上

吊挂用具

* 高曼 TM 胶条、高曼 TM 挂钩（3M）

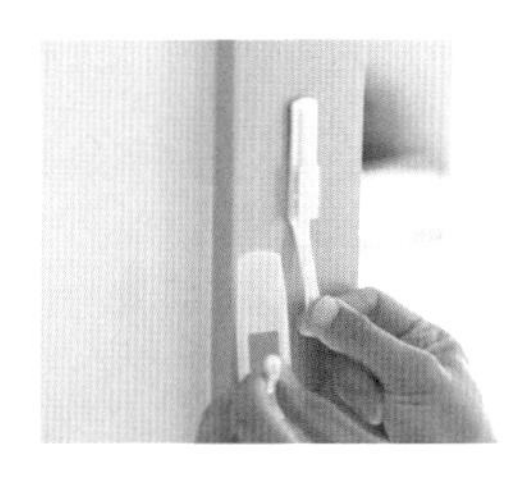

如图所示，即便拉拽也不会留下胶痕，剥除得干干净净。有挂钩式、拉链式等多种样式

挂钩

我家常用的挂钩。根据场合与用途不同，分别使用磁钩式、夹子式的。于无印良品或百元店购入

偷懒型·简单打扫

不够简单轻松的话，打扫工作就无法每日坚持。正因为简便不费力才得以持续下去。这里，向大家介绍 6 个我每天都会进行的打扫项目。

无线家电，使用轻松

由于是无线产品，所以很轻便。* 牧田牌吸尘器可以像扫帚一样使用。我每天都用它来打扫

易积灰的地方，定期打扫

用手持拖把的时候，顺便把其他地方也扫一遍，屋子里扫一圈

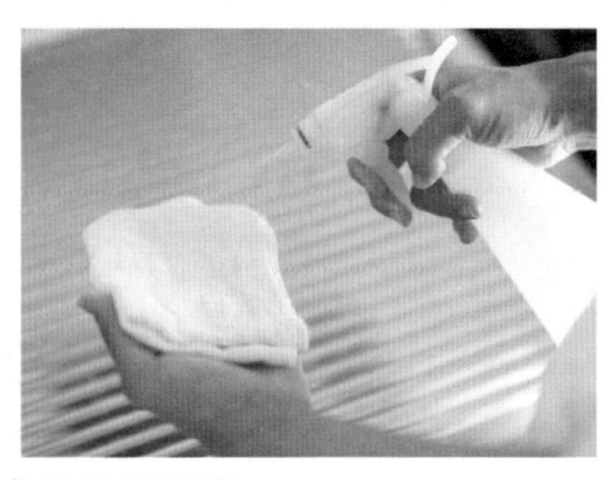

1 块抹布擦到底

厨房用的抹布 1 天 1 块。擦拭操作台、灶台和水槽时可以加点酒精，最后擦洗衣机

用“洁厕喷雾”简单打扫马桶

容易弄脏的马桶周围，最好采取简单的打扫方式。用厕纸与“LOOK 洁厕喷雾”

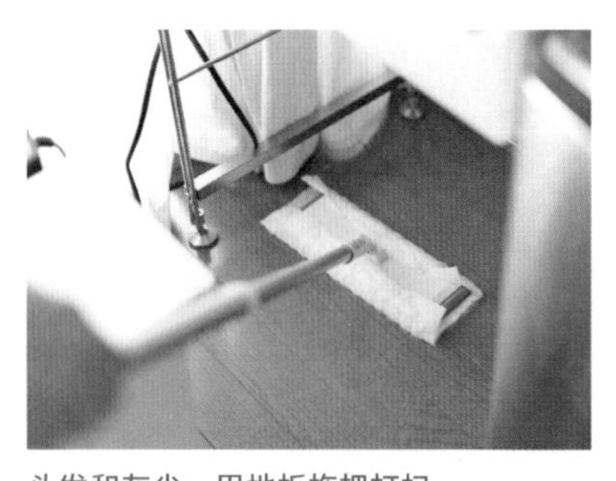

头发和灰尘，用地板拖把打扫

洗脸台周围和厨房，都用地板拖把打扫。边边角角的灰尘也可轻松去除

排水口垃圾用纸巾抓取即可

排水口换上 *WEALTH JAPAN 牌的“头发过滤斗”，打扫起来一下子变得更轻松

碎布随用术

穿旧的T恤衫和用旧的毛巾，剪开做碎布（一次性抹布）。“彻底”用一次之后就扔掉。

① 用水弄湿碎布，从架子开始擦

先用碎布擦拭架子、电灯灯罩等相对不怎么脏的地方

→

② 容易忽视的地方也擦一擦

接着擦平常不怎么顾得到的洗衣机周围。配合使用酒精喷雾

↓

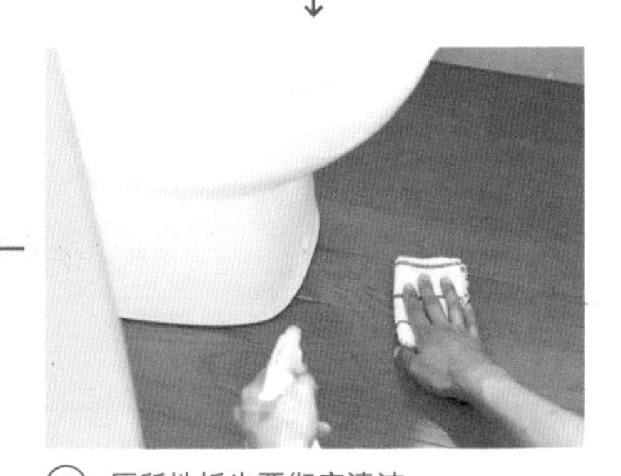

③ 厕所地板也要彻底清洁

厕所地板也用碎布擦干净。马桶与地板接触的交接线处，要好好用酒精擦拭

←

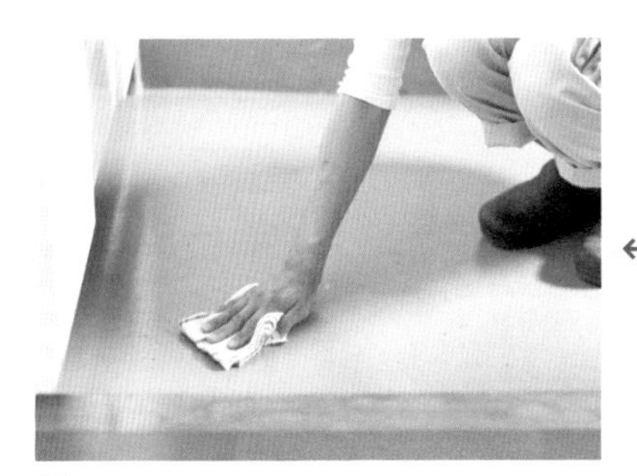

④ 擦拭玄关外侧地板

擦好玄关外侧地板作为收尾工作。用完的碎布扔进垃圾箱

碎布收纳场所

洗脸台下方

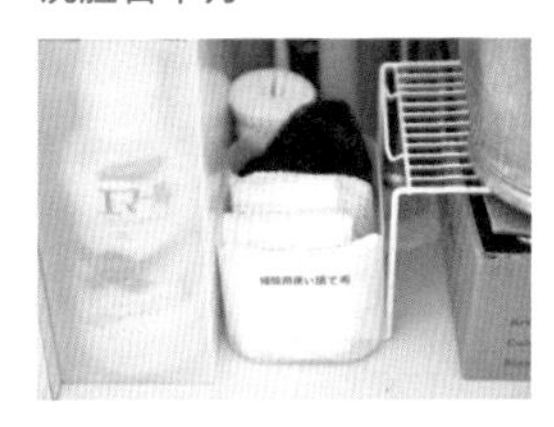

打扫用的碎布专门放在洗脸台下方。没有了就补充

厨房门背后

碎布去油渍也很方便，门后挂上专用放置篮，方便取用

碎布来源

有空的时候，裁剪T恤衫等衣物作碎布用（如图所示）

『偶尔为之』的特别打扫

我不会做“大扫除”。只在一定程度上做“偶尔为之”的特别打扫，都是 10 分钟就可简单搞定的事情。

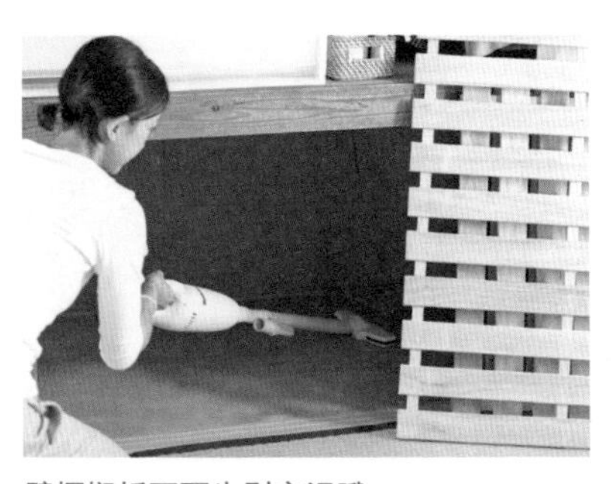

壁橱搁板下面也别忘记哦

取出平时铺着被子的搁板，用吸尘器吸走下面堆积的灰尘

炉灶下面用海绵擦拭

将炉灶移出操作台，用洗涤剂和海绵去除污垢，最后用碎布蘸水擦拭

用带有香气的碎布蘸点水擦拭榻榻米

天气好的时候，用清水擦拭榻榻米。在热水里滴数滴薄荷精油，把碎布浸满水，拿出绞干

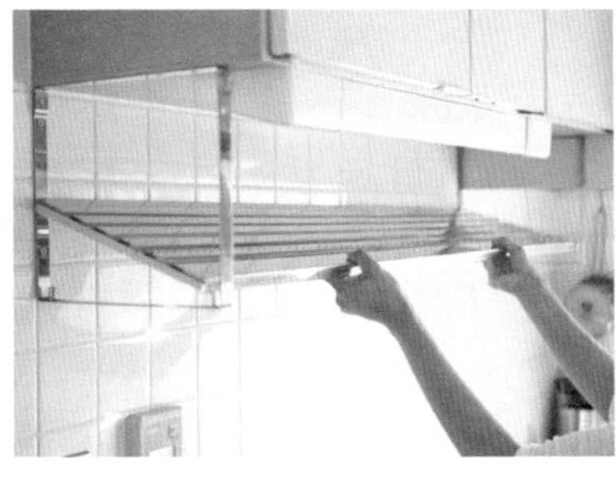

能够取下的开放式搁架也要清洗

厨房的开放式搁架，容易被油污弄脏。把整个架子拆下来，放在水槽里，用中性洗涤剂和海绵清洗

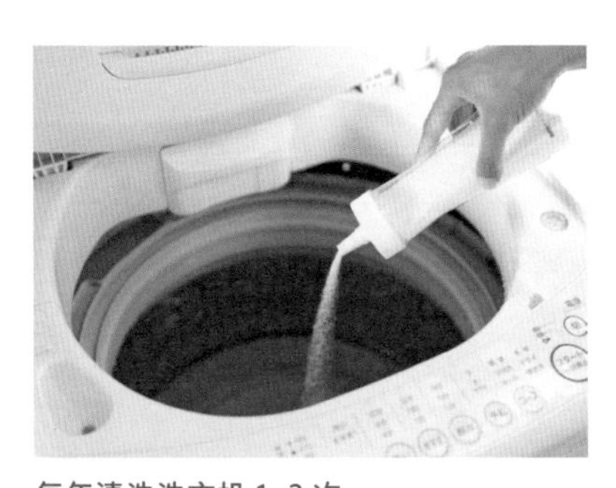

每年清洗洗衣机 1~2 次

洗衣机滚筒里蓄满热水，放入含氧漂白剂后，开始运转。用滤网捞去浮至表面的污垢

每年在浴室清洗 2 次纱窗

把纱窗搬到浴室里，边用淋浴头冲水，边用海绵搓洗。一并清除沙尘

小扫帚正好可伸入窗框

窗框里残留的沙尘，就用在玄关使用的 * 桌上用扫帚（P.122）扫出来

阳台用地板刷擦洗

阳台地板是个易堆积沙尘的地方。每个月打扫2次，洒上水，用地板刷擦洗

防止污垢产生的小窍门

预先花些工夫，不易产生污垢，使打扫工作更轻松。下面我来介绍一下自己采取的“防止污垢法”。

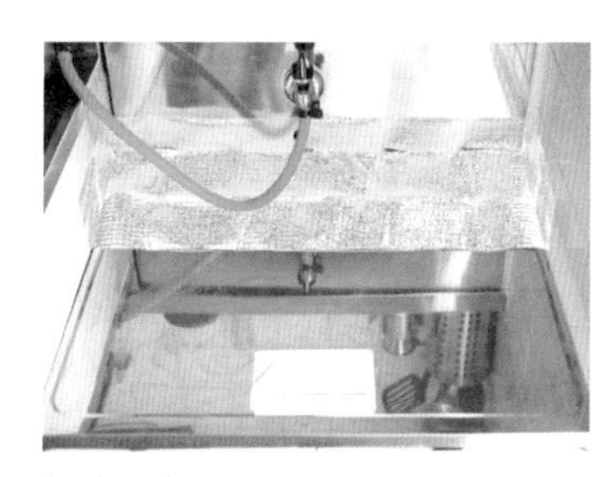

炉灶深处铺好铝薄膜

炉灶和灶台间的间隙里放入铝薄膜。有油渍溅上去弄脏了的话，只要取下来再替换上干净的就行，无须特地打扫

用买来的滤网阻止污渍产生

裁剪出宽幅 60 厘米的滤网，安装在换气扇上。用磁铁配件固定

用抹布阻隔油迹

做油渍会飞溅出来的菜时，把抹布盖在放盐、胡椒等调料的瓶子上，以此来阻隔油渍

保持用水周边清洁的方法

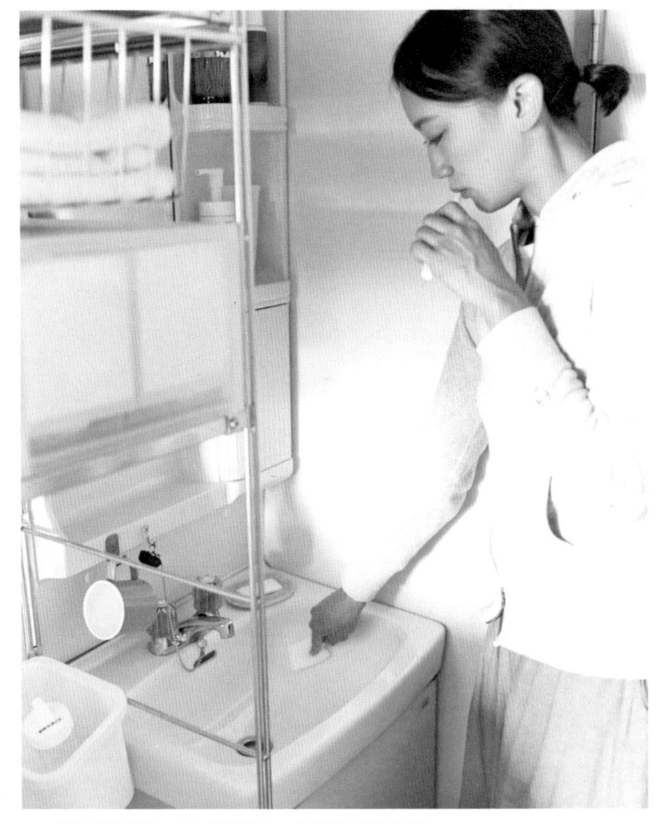

打扫用的海绵，马上就能用上。刷牙时也能用起来

“最后的救命稻草”：防水砂纸锉。于建材超市购入。买了稍大尺寸的，剪一下再用

家附近加油站的洗手间看上去总是干净得发亮，所以我有需要时经常会去那里。水池周围的清洁度，花一点点心思就能有所提升。处于如此干净的场所，心情会自然变好，因此我也会注意自家用水周边的打扫工作。话虽如此，我主要是留心“不要让周围残留水渍”而已。此外，就是用海绵洗洗脸盆。为了不留有水渍，洗完脸之后，用擦完脸的毛巾擦一下洗脸台周围。同时，把海绵吊挂在旁边，让它处于立刻能用上的状态。采取诸如此类能够轻松“动手”的方法，一点儿也不会觉得麻烦。但是，时间长了就会发现，有时水龙头周围还是出现了水垢……遇到这种情况时，就选用终极解决方案——砂纸锉。用它轻轻打磨水垢，基本上都能打磨掉，变得很干净。

小物悬浮式收纳，保持卫生

洗完澡后，用刮水刷揩抹墙壁和地板上的水渍。洗浴用品放置架、洗脸盆和小凳子叠放在浴盆上，采取“空中收纳”法

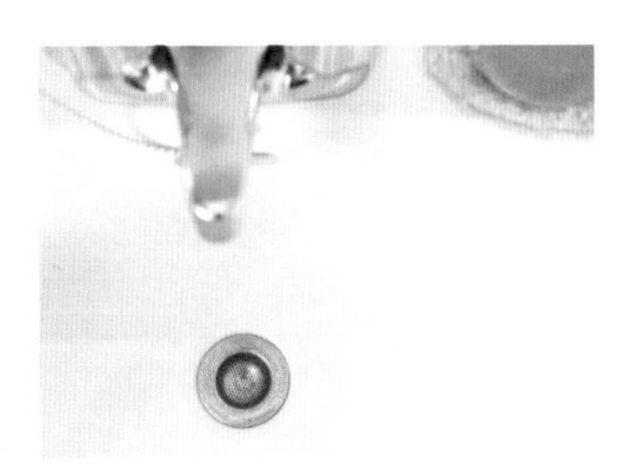

使垃圾不会流入排水口

洗脸台排水口处，安装了在百元店购买的垃圾过滤斗。晚上刷完牙后，将留在上头的垃圾用纸巾擦出来扔掉

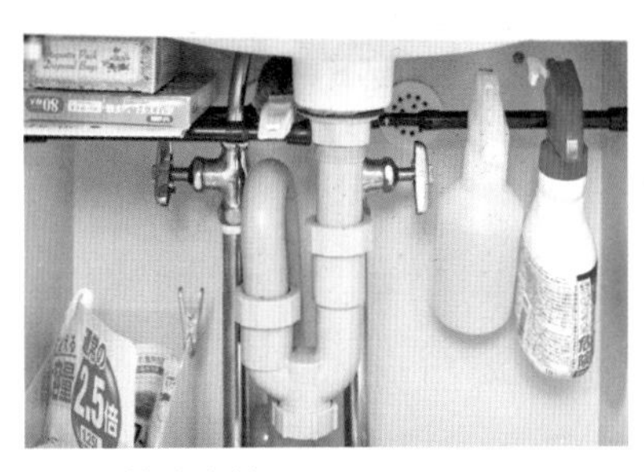

横杆上挂洗涤剂

洗脸台下方，利用短支杆设置一块可用于空中收纳的空间。除霉洗涤剂和偶尔使用的一次性手套，都放于此处

夹住挂起来，马上就用到

牙粉和海绵，用＊无印良品“不锈钢挂钩式夹子”夹起来，用起来很顺手

浴室内，活用百元店小物

在浴室里用的剃须刀等零碎物件，装在百元店买来的吸盘容器中。因为底下有小洞，所以沥水效果良好

用防水砂纸锉处理水龙头上的水垢

用防水砂纸锉处理水龙头上的水垢，立竿见影！注意，不能用于塑料材质类产品。先蘸一下水再使用哦

夜间洗衣，使早晨轻轻松松

衣架：* 铝制衣架・防滑衣架・3 个一组 宽 41 厘米（最左边）、* 铝制衣架・3 个一组 宽 41 厘米、* 铝制方形衣架 大号・带 PC 夹子 <40 个夹子>（全部出自无印良品）

宜家“ALGOT 钢网篮筐”放置洗晒衣物。筐子固定放在洗衣机旁边

要说我开始晚上洗衣服的契机，是因为某日我在双职工夫妇的邻居家里见到了这样一幕：晚上阳台上竟然晾着非常多洗好的衣物。“晚上把衣服晾起来的话，第二天早上就轻松多了。”发现了这一新办法，我也决定自己试一试。

开始晚上洗衣物后，每天早晨我能花更多精力在做便当上了，本来忙碌的早上变得从容了，总之尽是好处呢。现在从原则上来说，我都会在晚上洗衣服。如果根据天气预报，晚上到第二天早晨确实预计为晴天的话，那就把衣服晾到阳台上；预计天气不太好的话，就晾在屋子里。到天干物燥的冬天，湿衣物还能代替加湿器，真是一石二鸟呢。要把晾晒衣物从夹子上拿下来的时候，可以在脚边放个宜家的筐子，这样衣服正好落进筐子里。之后就可以坐下来一件一件叠好了。以上，就是让我能轻松度过早晨的夜间洗衣流程。

常规洗衣流程

投入洗涤剂

在家里我是最后一个洗澡的。入浴前运转洗衣机，出浴后晾晒衣物

在洗脸盆里预洗

将衬衫的领边浸入放满热水的洗脸盆，用刷子先进行预洗，之后再丢入洗衣机

部分污渍可用餐具洗涤剂清洗

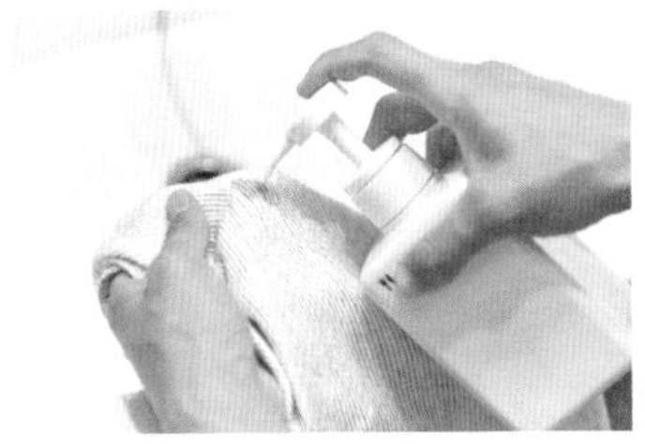

衣服上如沾有食物污渍，必须立即处理。大多数情况下可直接点上餐具洗涤剂进行擦洗

深色衣物分开洗

对于容易掉色的衣物，在洗澡的时候将其和洗涤剂一同带进浴室，进行手洗

如何清洗高档面料的衣物

投入专用中性洗衣剂

结婚前我就一直保持着一个习惯——“喜欢的娇贵高档衣物用 EMAL 牌洗衣剂来洗”

无法水洗的衣物送去干洗店

丈夫的西服、领带和娇贵的开司米羊绒衣物，交给干洗店处理

中意的洗涤剂产品

从左至右依次是：以“垃圾不要堆得太多就行的程度”启封了的洗涤粉——快乐大象洗涤粉。从以前开始就一直用来洗高档面料衣物的洗衣剂——EMAL 牌（花王）。含氧漂白剂在洗衣服时使用，能防止衣物泛黄，保持颜色鲜艳——*PAX 含氧漂白剂（太阳油脂）。香香的柔顺剂也是一心一意只用一个牌子——SOFLAN 香氛型（狮王）

短时家务的关键！循环顺畅的厨房

我家的厨房可以从炉灶旁顺道走向阳台，干起活来特别顺手。用完的抹布立刻晒到阳台上；料理过程中打开玻璃窗，散除油烟异味。光照良好这一点也让我很中意。

“对你而言，令人愉快的厨房是什么样的?”每当被别人问到这个问题，我都会脱口而出：“循环顺畅的厨房。”每天都会“搬入”各种各样的食材和消耗品的厨房，是一个熟练使用各种用具、流畅作业的场所。因此，食物也好，用具也好，污迹也好，都不应该滞留在同一处，我希望它们一直保持不断循环运转的状态。打个比方，就像体内循环好的人活得也健康一样，我觉得循环顺畅的厨房，对于健康生活来说是不可或缺的。

循环顺畅的厨房，即收纳整齐，人在里面活动自如，家务做起来顺手的厨房空间，是物品方便使用的基础。“买回来的食材有地方放”“取放物品便利”“一发现哪里脏了，右手取抹布，左手拿酒精喷雾，可以迅速进行打扫”……在这样的厨房空间里，无须做任何无用功，立刻就能顺利地进行下一步行动吧。做菜、洗衣服、整理购入物品、垃圾处理……厨房，是在家务上花费最长时间的地方，正因如此，只要下一点点功夫，即可大大缩短家务时间。

只使用『劳模』用具

从左上开始顺时针方向依次为：* 珐琅铸铁锅 22 厘米（法国 STAUB 品牌）、*IH 对应 不粘锅 28 厘米（法国 T-FAL 品牌）、带柄小锅 15 厘米（BEKA）、SKANKA 平底锅 28 厘米、TROVARDIG 平底锅 20 厘米（皆为宜家品牌 < 日本产 >）

用途多多的铸铁锅，可放在炉子上直接使用。放上隔网，还能作为蒸锅来用

无论哪种用具，放着不用总是很浪费的。既然有这样的用具，总是想多多使用它，达到物尽其用的最理想状态。但是，在新婚之初，我完全不清楚之后会用到的用具应该是什么尺寸、什么样子的，不晓得在那么多不同种类的商品中该选哪个才好。所以当时我决定只准备最不可少的用具，一边过日子，一边确认到底还需要什么。

如今 5 年时间过去了，炖锅和平底锅的数量已然充足。与家中的收纳空间也处于良好平衡状态。T-FAL 牌的平底锅，除了炒菜，煮意大利面和蔬菜时也可使用。小锅具，除了做烩菜，还能作为煎焙茶的小茶壶来用。婚后第二年买的这个铸铁锅，兼作煮饭锅，每天不停歇地为我们服务。

确保操作空间

炉子下方的操作台：灶台桌子 摩登灰（MCKINLEY）

水槽左侧，设置小推车。回家之后，可以马上把买回来的物品放在此处

我家厨房的操作台很小，放上两个砧板就完全没有多余空间了。做菜、收拾餐具的时候，这么憋屈着干活效率会很差。为了在如此狭小的空间中也能尽量放开手脚做事，我想了不少办法。

首先，平时操作台上保持不放置任何东西的状态。切完菜之后，把菜都搬运到高一层的摆台上，腾出富裕空间。由于这个摆台兼作操作台功能，所以仅摆放盐罐等"1军"用品。另外，在炉子下方的灶台桌里增设收纳空间。活用抽屉，节省空间。在这样的操作台前做起事来便利很多，因为这里只放着需要用到的物品。其他物品放于其他场所，确保了宽敞的操作空间。

厨房虽小，亦见真章

右前方的沥水篮：* 圆形沥水篮（辻和金网）

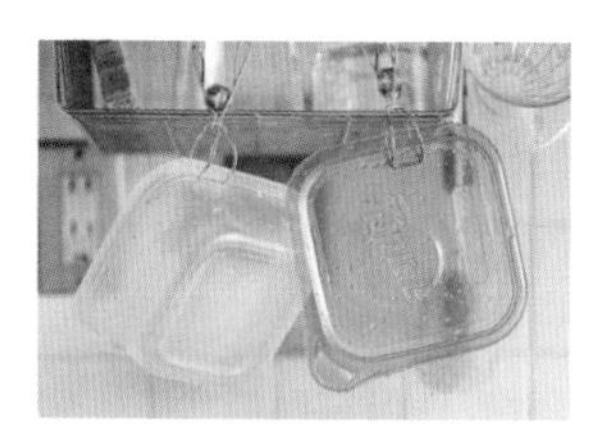

有沟槽而不易晾干的塑料存储容器，用夹子夹好悬挂起来，能更好地沥去水分，晾干效果一流

我家的操作台有波浪形的凹凸设计，向着水槽方向稍有倾斜。也就是说，洗好的东西放在这儿，水自然会流向水槽。作为餐具的沥水处再适合不过！因此，在这儿放着的物品即便湿一点也没关系，照片左侧的沥水架上放不下的锅碗等，放在操作台上也可自然晾干。而饭碗等圆形餐具，我会用自己中意的辻和金网沥水篮来晾干。

洗好的用具尽量不擦，晚上餐具洗完时，尽可能以易晾干的状态放好，如图所示。第二天早晨起床一看，基本上都已经自然晾干了，之后只需放回原处即可。大约仅花 1 分钟就能还原厨房的“待机”状态。

不是直接放置，而是悬空搁放

水槽周围的物品，采取吊挂、悬空方式，沥水效果较好。用品颜色基本选取白色

擦桌布1日1块

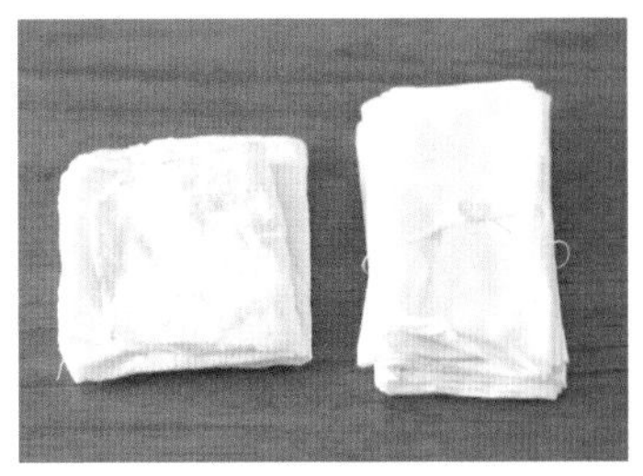

我个人爱用＊无印良品的“落棉抹布”当擦桌布。一天用下来，轻轻搓洗后用洗衣机洗干净即可

常用工具放在水槽下方

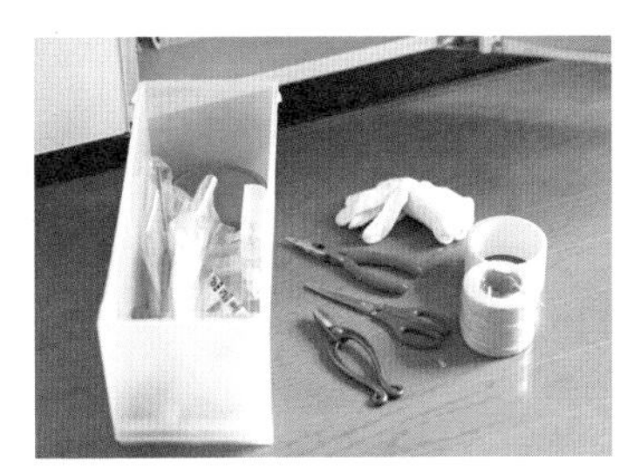

工具置于水槽下方。想把报纸捆起来的时候，要是这里备有绳子、剪刀等工具的话，能在最短时间里完成

文具用品置于磁铁式盒子中

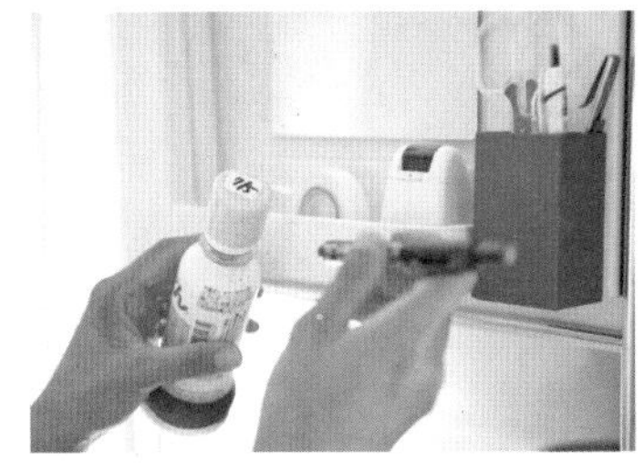

厨房中会用到的文具，都收纳在磁铁式的盒子和托盘中。这样一来，需要用笔在调味瓶上写好开封日的时候，就能顺手取用

放进包袋，简单收纳

超市塑料袋放进挂在水槽橱门上的包袋里。仅保留这里能容纳的量

配上小脚轮，打扫更轻松

根茎类食材放入配有小脚轮的盒子里，然后藏在小推车下方。移动方便，打扫轻松

含水垃圾丢入纸袋

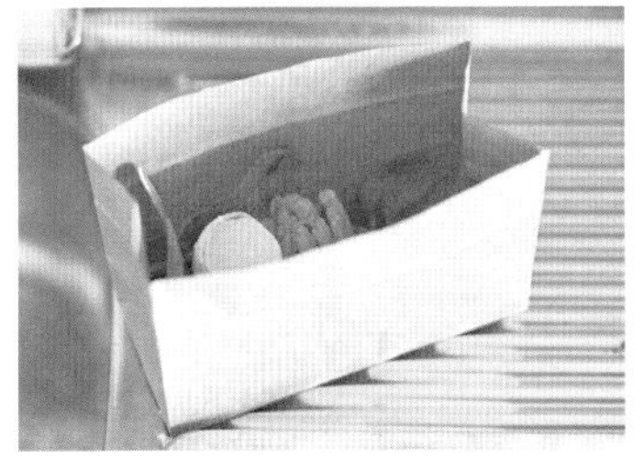

不断多起来的纸袋，剪去拎手部分，用来专门放置含水垃圾。做菜过程中经常用到

再也不用担心米粒乱撒

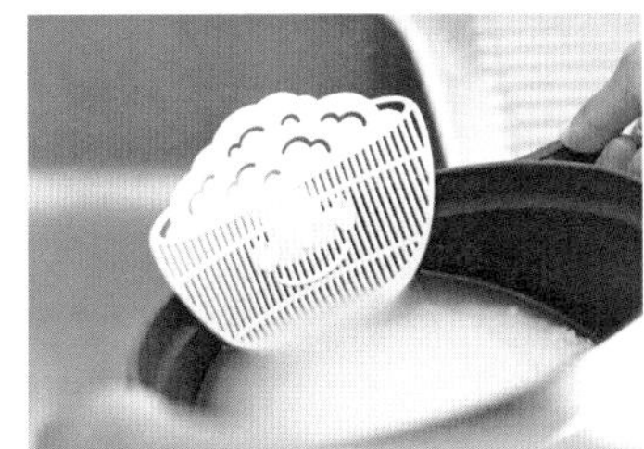

推荐给懒人。淘米时挂在锅上使用的小道具。还能缩短操作时间

如果有中意的市售品

左起：玄米甜酒（MARUKURA 食品）、印度之味中辣咖喱糊（MASCOT）、生姜丝（桃屋）、拌菜辣油（S&B）

常作为早饭的“简单活力盖浇饭”。米饭浇上纳豆、鸡蛋、拌菜辣油、生姜丝、白芝麻。搅拌均匀

逛超市的时候，一看到“新商品!”“好划算!”这样的标语，一不小心就会买下来。这样的经历真是不少。而这样做导致的结果只有一个，就是收纳空间被压缩，东西用不完以浪费收场。因此我现在遵守一个规则：只会重复购买那些“在朋友家吃过，实在很美味”“可与许多料理搭配，确定最后一定用得完”的，能打百分百包票的东西。

要说在我家最受欢迎的市售品是什么，那就是“拌菜辣油”了。配饭、配豆腐、配炒蔬菜，简直万能。“生姜丝”与辣油一样也是百搭款，对于缩短料理时间也能帮上忙呢。另外，咖喱糊也是必需的常备品。甜酒则是最近才开始用起来的。严格挑选、常备一些市售品，在无法“正经”做菜的日子里，让它们成为助你一臂之力的好伙伴吧。

下厨预备工作，为自开炉灶进行『储蓄』

照片中间的肉用上了第 44 页介绍的“印度之味”。没心思或没时间做菜时的“保险”备用品

切成方块的蔬菜与培根一起炒，加水煮成清汤。充分搅匀，加入牛奶变为浓汤

“下厨预备工作，是为未来的自己考虑周全”。工作累了一天回到家，打开冰箱的时候更是这么觉得。在做这些备料工作的过程中，老实说，是会觉得有些麻烦，但只要事先这样准备一下，之后真的能轻松很多。甚至想对自己表达感谢：“致过去的我，谢谢你呀。现在可帮了我大忙了。”

蔬菜类不要大量购买，多买一点水煮一下就行。肉类、鱼类按照一次使用的量分别装在保鲜袋里冷冻好。基本款菜品预先调味，放在拉链密封袋里冷冻。把食材放入冰箱的时候，别计较麻烦，贴上写好日期的标签（这样一来，一看到日期就能提醒自己快点用掉，浪费食材也就变成一桩难事了）。忙碌的日子里，如果冰箱里有这些“储蓄”备料，心里头也会很安心。

食材吃光光的冰箱收纳法

不知道怎么回事，冰箱里层总是不常用到。若优先考虑方便取用，那么东西要“横放在近前”

门后收纳不存在纵深问题，一目了然。实际上是最棒的收纳空间。请务必放上“1军”食品

我家之前的冰箱是427升的，现在缩小了尺寸，替换为*无印良品的“电冰箱·270升”。食物浪费的情况大大减少了

“好收拾的食品管理”，对我个人来说一直都是最大的一项课题。浪费买回来的食物，等同于浪费了金钱、劳力、收纳场所以及食物本身，因此这是无论如何都得避免的行为。虽说如此，以前还是发生过“一不小心”而导致的浪费行为。每次发生这样的“悲剧”，我都会在心里发誓下次绝对不可再犯，因此形成了如今的一套方法。

为“消灭”食材，需注意在冰箱收纳中不能前后方向放置食材，而要横排放置，不能留有死角。另外，只用里层一半空间形成摆台样式的附设区间，优先考虑取用方便度，而不是收纳总量。这样能很好地把握冰箱里的所有物品，食材管理也变得格外轻松。这些实践，让我真切体会到冰箱收纳还是一目了然最好。

冰箱门侧收纳简便

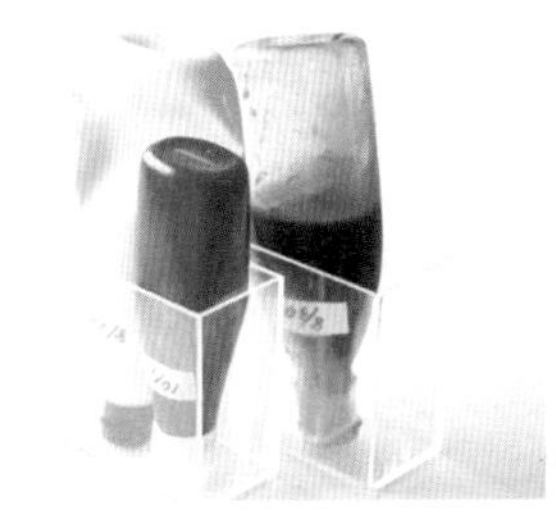

挤罐式调味料放在百元店买来的亚克力笔筒中，头朝下竖着收纳

黄油按1次用量分开，包上保鲜膜

用剩的黄油按 1 次的分量分开，分别用保鲜膜包好置于空瓶中。这样较易确认剩余量，也就更容易用完

外面看得见，不会忘记

常备菜、剩下的小菜，放在从外面看得见里面的玻璃储存容器中。降低忘记吃掉的风险概率

各类散装蔬菜归在一起

杂乱不同的蔬菜和水果，分别归在拉链密封袋中。等到要做饭时再从袋子里取出

小包装，方便使用

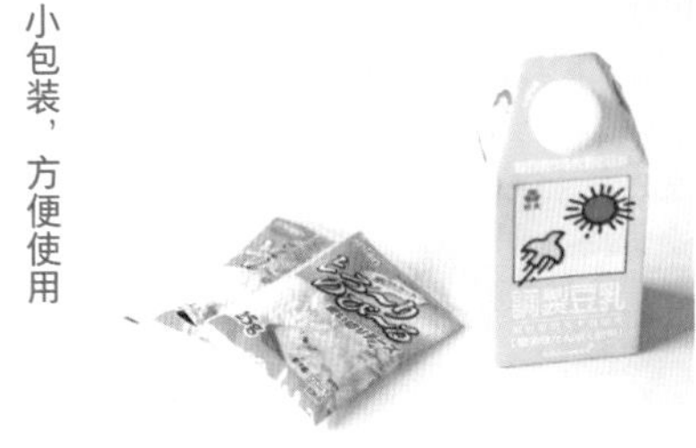

即便性价比下降，也请选择小包装和单独包装的食材。放在冰箱里不会占据太多空间，而且能够用得完

『米饭之友』整理到一块儿

搭配米饭的“米饭之友”全部放在从百元店买来的托盘中，放在固定位置。这样丈夫也能一清二楚怎么放回去

用1张报纸轻松打扫

有一点脏，即可轻松打扫。在蔬菜贮藏室底部铺上报纸，一旦觉得脏了，可以直接扔掉报纸。这是我从娘家带出来的习惯

冷冻室竖着收纳，一清二楚

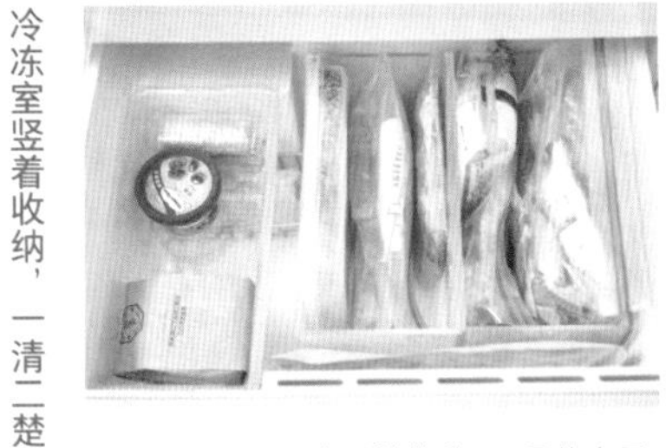

冷冻室里放入两个以前收纳 CD 用的盒子，收纳竖着摆放的拉链密封袋

垃圾箱，容量与收纳场所最关键

垃圾箱：*SIMPLE HUMAN 长方形脚踏式回收桶 46 升（SIMPLE HUMAN）

垃圾袋夹在硬纸板上，用橡皮筋固定。像抽纸巾一样，可以一张一张地抽取使用

在进行整理收纳服务工作的过程中，我向客户提出了这样的问题："厨房里首先想解决的烦恼是什么？"大多数人回答："没有放置垃圾箱的地方……"反馈了不少关于垃圾处理的问题。然后我就会顺势向客户们传达一个理念："垃圾箱的放置处需要留有余地去设计，这与是否方便做家务是有关系的。我们要采取能让垃圾箱有地方可放的整理方法。"

我家用的是 SIMPLE HUMAN 的垃圾箱，坐拥厨房"特等席"，"Duang"地一下就那么占了一大块地方。家里那么小，垃圾箱会不会太大了呀？最开始时，我确实担心过这个问题。但每次从吸尘器过滤盒里扫出堆积的垃圾时，把碎纸机里的碎纸片一下子倒出来时，多亏了有这么个大家伙，我才能毫无压力、畅快地扔垃圾呀。这个垃圾箱，也承载着从家中各个垃圾桶收集而来的垃圾，真是"心胸宽广"。

（上）*SIMPLE HUMAN 牌垃圾箱中，以 7∶3 的比例，分为可燃垃圾和食物垃圾两个垃圾箱来使用

（右）阳台上放着 * 尼达利的“折叠垃圾箱 设垃圾袋固定架”。用 3 个超市塑料袋分类存放易拉罐、玻璃瓶、塑料瓶

（左）即便是放报纸用，配置有小脚轮后，抽屉移动也会更顺畅。*3M 牌的“高曼™胶条”即可轻松安置脚轮

（下）左起：* 爱丽思欧雅玛牌“极细碎纸机”，罐类、瓶类、塑料瓶一并丢弃的 * 无印良品“PP 垃圾箱 · 带盖子 · 小尺寸（分类式样）”（附设专用小脚轮），放报纸等纸类垃圾的文件箱

容易散乱的物品 容易堆积的物品

不是所谓的“睡衣”，而是在家里休息、睡觉时专门穿的家居服。因为是长时间穿着的衣服，所以要穿起来舒适、开心。不要穿淘汰下来的外装，综合考虑穿着感和价格进行选择。衬衫（滞销商品）、运动裤（优衣库）。

沙发上衣服堆成山，从洗衣机拿出来的衣服也就那么放在那儿，一不小心就“塞车”，很难做分类……家中混杂了多种多样的物品。越堆越乱，不知道该怎么处理才好，脑子里一团糟。终于忍不住一声咆哮：“啊——再也受不了了！”想把家里的东西全部扔出去。这样的人是不是不少呢？

但在这一方面，我希望大家千万不要忽视家中一直没得到好好整理的、散落在各处的东西，要注意简单地收拾一下。举个例子，家人习惯把脱下来的家居服丢在沙发上，然后就不管了。因为把衣服挂在衣架上，收进衣橱……类似这样的动作多少会让人觉得有点麻烦，那么，如果是在沙发附近放个箱子，“把衣服直接扔进那里”，像这样立下一个简单的规矩怎么样？是不是感觉能坚持做下去了呢？

扫视一下家中，如果发现有块地方东西很散乱，那说明家中的物品经常“出入”那里。我们正是要针对这样的地方，尽快用简单方法建立起收纳机制。一旦架构好机制，以后整理起来就会很轻松。这么一来，一个舒心闲适的空间就能得以持续维护下去。

每天穿的衣服放在易于取出的位置

两手拉开帘子，我的个人“衣物”空间出现在眼前。归整得有条有理，便于取出

宜家的“布雷丽思衣架”上挂着几条裤子。全部从同一侧挂上，不易掉落

早上起来挑这一天穿的衣服时，或是整理洗好的衣服时……一天之中，要在衣服的收纳场所进进出出好几回。因此，关于衣服的收纳，我推荐大家要在家中常经过的动线上，选择离更衣和折叠衣物的场所较近的地方，设计衣物收纳处。

我们夫妇俩的衣物收纳场所，位于卧室壁橱左上方，离客厅很近。为了使所有空间能够自由、充分地利用起来，我移除了所有隔板，订购了无印良品的帘子（P.126）安装上去。我自己的“衣服”所在地都在目力所及范围内，因此不会再发出“啊，原来我还有这件衣服呀！”这样的感叹。至于四季的衣物，我始终只保留能收进这个空间的量。这么一来，就能掌握自己手上有多少衣服，搭配起来也很容易。

在住所里就应该穿家居服

家居服卷成一卷竖着收纳。外部收纳盒：*PP 塑料收纳盒·抽屉式·深，内置的盒子：* 硬质纸浆·文件盒（皆为无印良品）

用于放置当日所穿家居服的箱子，一人一个。脱下衣物后直接丢在里面就行，轻松搞定

实际上，家居服所占体积还挺大的，这也是导致家中杂乱的原因之一。“我这么注重穿着的人，这种衣服再也不能穿到外头去了。就在家里穿穿吧。”由于这样的理由，衣服渐渐多起来了，家居服也是不断堆积。

在以前，如上面照片一样，我和丈夫两人的家居服都收纳在一个抽屉里。但这样做有个问题，就是抽屉中的空间经常会变得很局促。夏天和冬天的家居服如果不替换着拿出来穿，这个抽屉根本塞不下。于是就在几年前，我们改成了一人一个抽屉的形式。有了两个抽屉以后，一年份的家居服都能收起来了，不用时刻换装穿了。如果买了新的就处理掉旧的，那么数量也不会徒增。对于这些占地方的、容易变多的物品，正是要平衡它们的数量，打造一个专属的住所。这样才不会产生压力。

以容易搭配的『心爱衣物』为基础

左上起顺时针方向：人工亚麻无领衬衫（nest Robe）、蓝色衬衫（YAECA）、有领白衬衫（nook: STORE）、藏青色针织对襟毛衣（川久保玲）、牛仔裤（YAECA）、针织长上衣（evam eva）、条纹T恤（Permanent Age）、白色七分裤（MARGARET HOWELL）、*白色宽腿裤（CHICU+CHICU5/31）

可作亮点加分的暖色系小物与内搭，搭配时注意不要走老套路线

和每天晚上得冥思苦想菜单一样，衣服也是每天要不断纠结做选择。所以最理想的状态，就是早上挑选衣服的时候，有一套毫不犹豫就能决定下来的行头。为此，那些容易搭配的衣服是最佳选择。以“与其他任何衣服配合都很合适”的衣服为主，进行搭配。这样一来，就不需要留着太多衣服，还能节省管理的工夫。

要说我的易搭配“心爱衣物”，得数藏青色系的衣物。与其他衣服和谐度高，是容易做搭配、值得信赖的颜色。下装我推荐白色，这样一来，上面穿什么样的衣服看上去都很合适，即便是容易感觉厚重的冬天，也能尽显温和淡雅之感。大家都说，服装是表现个人特色的工具。而我以为，穿着舒心、舒适的好衣服也是优秀的生活道具呢。

季节换装时间正是处理的机会

里面是在下一季到来之前都会收纳在壁橱顶柜的衣服。重复的衣服可以当作抹布。纸袋里的衣服，是下一季到来之前要送去回收店的

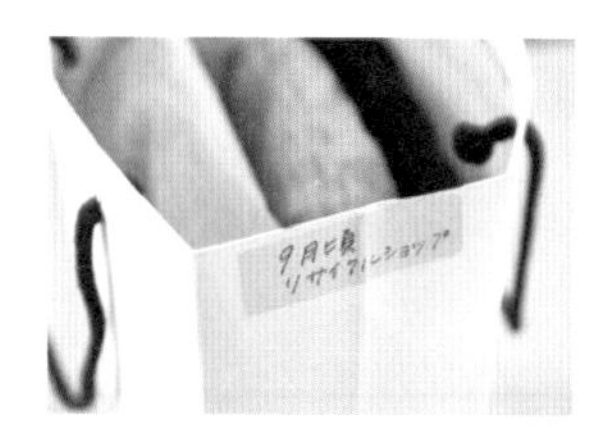

准备送去回收店的东西。为了防止忘记处理时间，将日期记在便笺纸上贴好

对我来说，季节换装是与一件一件衣服面对面相处的时间。就像是要和所有员工好好面聊似的，检查所拥有的全部衣服。通常一年进行两次换装，夏季前和冬季前各一次。以 10 月份换装为例，首先，我会把只会在夏天穿着的衣服集中在一处，一件一件拿在手里，回想一下这个夏天穿过几次。如果是完全没穿过的，接下来只保留 1 年，第二年还是没穿的话就处理掉。自问一句："明年我也想穿吗？"回答为"是"，就把衣服放进透明塑料箱中。具体处置方法：觉得可以再做搭配的，送去回收店；否则就做成抹布。至于换装时间，比起晚上，还是选在自然光充足的白天比较好。这样，衣服上易忽视的污渍和开线处一目了然，可以检查得更为仔细。

给家人乱放的物品做一个窝

支撑力强的支架上挂一个直径较大的“S”形钩子，作为丈夫的行头放置处

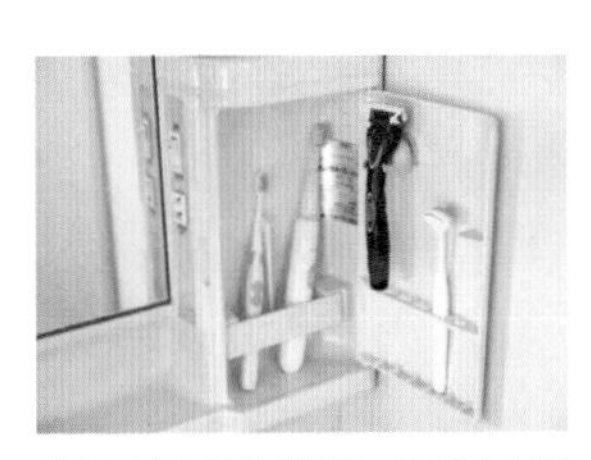

丈夫早上要用的剃须刀，通常会在刷完牙之后使用。为了他用完放回去方便，和牙刷一起放在洗手间壁柜门背后。防止发生忘记放回去的状况

懒懒的本多家里，比我还懒的人就是我的丈夫。他经常乱放的东西是外套和背包。以前他都是空手去上班的，最近开始骑自行车了，有时会背着双肩包带上便当出门。生活发生了些许变化，与之相应地，身边的所有事物也开始出现改变。这时候恰恰需要重新审视收纳状况。

外套和包都很占地方，为了不让它们一拿出来就没人管，有必要给它们各自设定一个固定位置。由于它们都是不需要放在屋子深处的物品，所以我家的情况是，在玄关处设置支撑力强的支架，挂上挂钩和衣架，确保一个专门放丈夫外套和双肩包的固定处。这样一来，就不用再把包带进屋里了。

万能工作台＝始终保持整洁的桌子

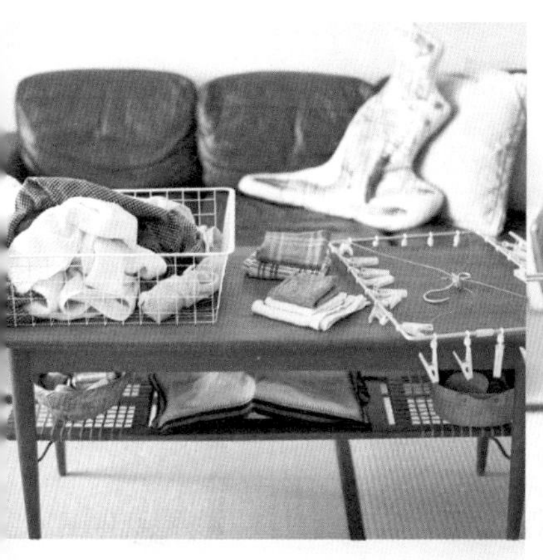

因为工作关系，我会把各种文件和笔记本电脑摊在桌子上，即便如此，到了傍晚还是会将桌子回复到清空状态。这时，这里既可以用来折叠洗好的衣服，也可以作为做菜时的料理台，100%灵活利用

如果习惯这个状态的话，可瞬间切换 3 种场景模式。台面脏了，用桌子下面的湿纸巾擦一擦即可

我家的大台面，就是指这个桌子啦。在这里做什么都很方便，为了能够多利用，定下了“要时常保持整洁”的基本规则。作为餐桌、商谈桌也好，摊开文件工作也好，折叠刚洗好的衣服也好，这个可等同于操作台的桌子，可谓是做家务活的“基地”。

使这个桌子成为“万能宝地”的原因，是“附设有架子”。桌子下方低调地存在着一个架子，里面放着在这儿做事时可能需要的物品——护手霜、指甲刀、杯垫等。不用特地走出去拿东西，这样就能继续顺畅完成作业。这个附设架子的桌子，我是在北欧家具店“Haluta Kanda”购入的。

各种纸质垃圾处理法

扎紧打包的技术，是我以前打工的时候学会的！ *麻绳（无印良品）

纸袋收纳在玄关的鞋柜里（P.23）。多出来的纸袋，用来包含水垃圾（P.43）

放着不管就会不断堆起来的纸质垃圾，是需要事先确定好放置地点的物品中的“代表”。如果先行确定好纸质废品的去处，就不会每次都犹豫不决，顺顺利利就能完工。

一般的报纸没有时间全部看一遍，所以我家只订早报，或者尺寸小一点的报纸。浓缩了前一天的主要新闻内容，可以用读杂志的感觉轻松阅读，我很喜欢这一点。另外，写有个人信息的文件、工作资料等，像这样会担心随便扔掉不太好的东西增加了，因此我买了个碎纸机放在家里。托它的福，小广告纸处理起来也变轻松了。我居住的区域里，每月有两天是纸质废品的收集日。为了不错过处理的时机，我会在收集日早上把打包好的纸质垃圾放在玄关。

报纸收纳

读完的报纸，每晚放进指定箱子中（P.49）。“SANKEI EXPRESS”的箱子很薄也不占地方，容量正好

全彩更易读

我家订购的报纸。有一点挺好，就是上面没有小广告

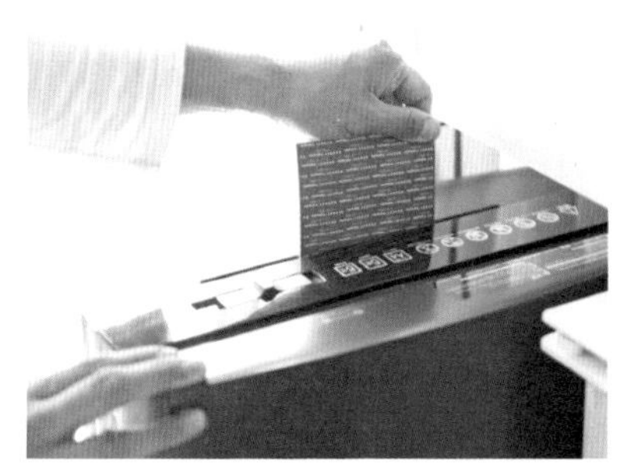

导入碎纸机

*爱丽思欧雅玛牌碎纸机（P.49），放入纸头后自动启动电源，很方便。不会留下个人信息，让人很安心

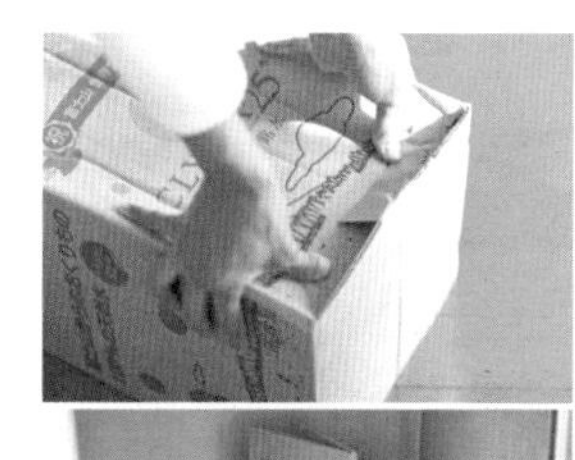

硬纸盒收集在箱子里

如上图所示，用拇指按压硬纸盒侧面，粘在上面的胶带很容易就会脱落。数量多的时候，只留 1 箱，作为收纳盒使用

杂志用绳子捆住

旧杂志用绳子捆好，这是我家自定的规矩。如图所示，用麻绳扎紧捆住，轻轻松松带去收集所

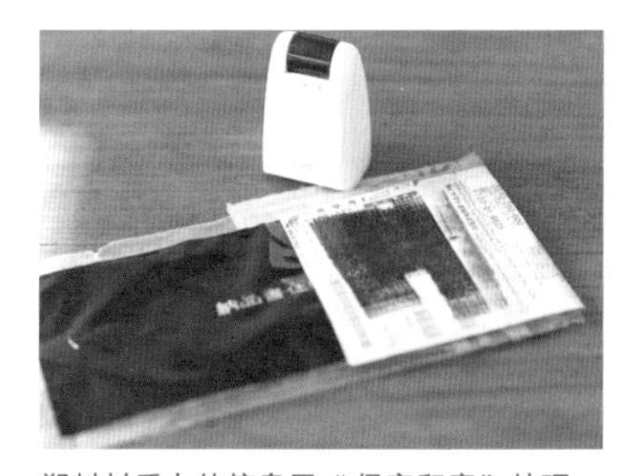

塑料材质上的信息用“保密印章”处理

无法投入碎纸机的塑料材质信封等，用“PLUS”的“滚轮式保密印章 26 毫米宽幅”遮盖个人信息

难分类的物品归到一起

照片上里侧的收纳箱：* 硬质纸浆盒 · 带盖子（无印良品）

分为“用到火的野营用品”和“消耗品库存”。收纳在厨房开放式搁架的最上层

家中物品收纳妥当、方便使用了之后，丈夫的太阳眼镜、过季的床单、泳衣和灯泡等不知如何处理是好的物品就会“出现”。“这个该分类在哪儿好？”会像这样不知不觉地呆住。这时，有的人脑子清楚得很：“要是这时候图方便先往哪里一塞的话，之后绝对会忘记的！”

不知如何分类的物品，比起一个一个地决定固定位置，不如全部分在“难以分类物品”小组里来的好。这样一来，收纳场地容易想起来，想用的时候立刻就能找到东西。这是我在从事整理收纳服务工作中收获的心得。右页中的物品，通常在家里没有固定放置处，总之先试着大致分一下类。这么做，物品自然会被分流开来。

工作用库存品

需要立即补充的打印机用墨、名片等工作需要的库存品，放入宜家“餐具托盘 FÖRHÖJ A”

派对物品

圣诞派对、友人聚会等，仅在特殊日子使用的装饰品和游戏用品，收集起来放入壁橱顶柜

丈夫的时尚小物

丈夫的时尚小物件，只有很少的出场机会，一律放进厨房里用不到的带隔板抽屉中。这个方法很受丈夫的好评

过季的布品

床单、枕套分夏季和冬季用。用压缩袋缩小体积，收入 *LOHACO 的“爱速客乐 硬纸板收纳箱”中

运动用品

跑步穿的衣服、室外活动用的小物件，以及泳衣，都放在壁橱下层。用 * 无印良品的“尼龙可折叠分类盒”分隔

充满回忆的纸质物品

充满回忆的小册子、自己画的画、过去制作的旅行指南等，这些想要留存下来的充满我们夫妇俩各自回忆的纸质物品，都放在这里收入顶柜

为有序生活而进行的信息整理法

任何事情都想要一手掌握，为此我推荐选择以月份为单位的双联页样式的手账本。因为总是要带在身边，所以不需要太厚。使用过程中，封面会慢慢磨损，因此封套是必需的。在看了4款不同手账本后，我终于找到了符合这些条件的手账本（手账信息请参考P.64）。

平时生活中，不管你自己“要”还是“不要”，“有意识”还是“无意识”，各种信息都会不断涌入。就家务方面来说，需要整理收据以记录家庭收支，还要保管收到的各种重要文件、去政府机关提交的文件信函等，要做大量的事务性工作。但是，如果无法对涌入的信息好好进行整理，就会发生如下状况：“那件东西去哪儿了？”“是不是搞错已经扔了啊？”也许从早到晚、日日夜夜都会在找东西中度过。

“因为写着很重要啊”“不收着不安心”“也许总有一天会用上的吧”，以这样的理由胡乱堆积信息资料，那么等到真的要寻找需要的信息时，堆积的资料就会成为障碍，这么做难道不是徒增管理上的麻烦，并且平白占据收纳空间吗？

真正要做的信息整理，应该是自己进行取舍后，只留下需要的信息，之后随时都能找出来。“信息”，就本意来说，如果要用到的时候无法马上作为参考，也就失去了收集信息的意义。预先对身边的信息做好整理，确保有快速取用信息的方法，这样就可以掌控好自己的生活，也能顺利开展日常家务。

目的地要用到的信息，全部记在手账里

A5 大小月计划手账本 FUGEN（HIGHTIDE）、 可擦极细圆珠笔 < 左 >、* 可自由组合的 2 色圆珠笔 · 笔杆（附自动签字笔）、* 可自由组合的 3 色圆珠笔 · 笔芯 · 极细型 < 右 >、* 不锈钢笔夹 2 支用（皆出自无印良品）

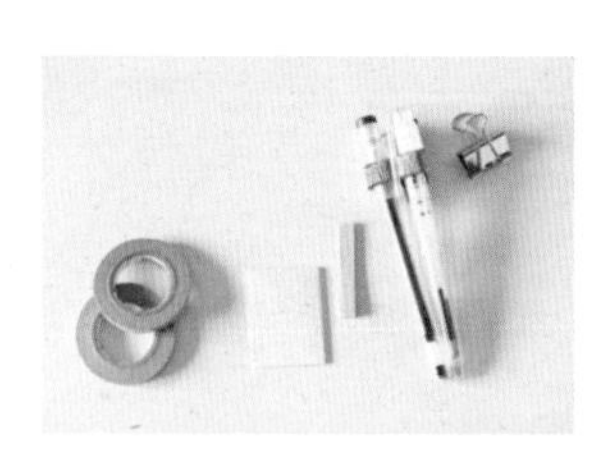

易撕取的遮蔽胶带也可活用于手账。手账上还可贴便笺条。长尾夹也可作为笔夹辅助使用

对我来说，手账既可用于管理日程，也可作为笔记本。觉得“想把这个信息放进里面”的时候，如果除手账以外还有别的笔记本，那么你会写在哪儿呢？像这样犹豫的话，会磨钝瞬间爆发力，因此只用 1 本手账作为日常使用的笔记本就好。

选择手账本的条件：①有 1 个月横跨两页的月计划类型版面，还有普通的笔记版面；②轻薄、易随身携带；③有封套。然而，我找了很久，都没找到完全符合这些条件的手账本，于是每年都在犹豫该选哪个。今年用的这个手账本相当有人气，可以放进口袋，封套里面放有贴着邮票的明信片。有空的时候，我就会写封感谢信之类的。关于要去的目的地的信息也都会写在里面。有了它，安心不少。

『正在做』和『已完成』分色显示

工作事项用橙色，私事和计划用蓝色。黑色则是记录的待办事项等

空闲时段贴上遮蔽胶带

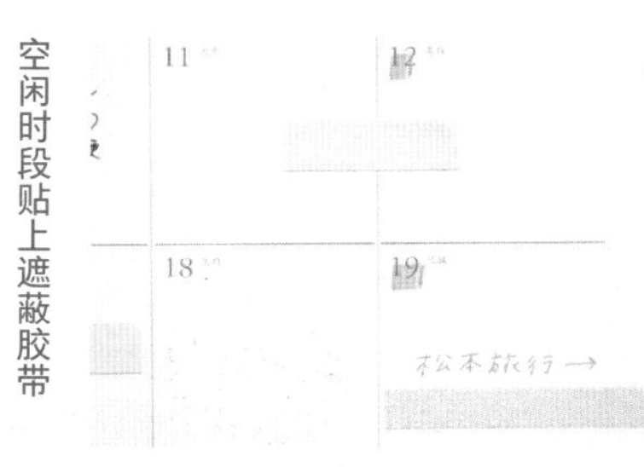

为掌握空闲日子或连日闲置计划，用遮蔽胶带做标记

用票据和便笺做笔记

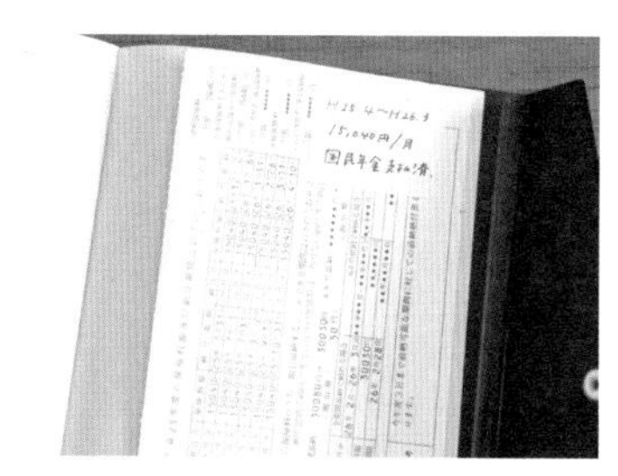

在保险、税金等支付完毕的记录上贴上通知单和发票，便笺上记着支付日

容易忘记的ID做成一览表

网站的登录 ID、卡片号码等，这些很长但又必须记住的信息每年都贴在新换的手账上

『一便笺一工作』的方式俯瞰

将工作信息逐条写在便笺上，把握全部工作内容

便笺笔记，储存素材

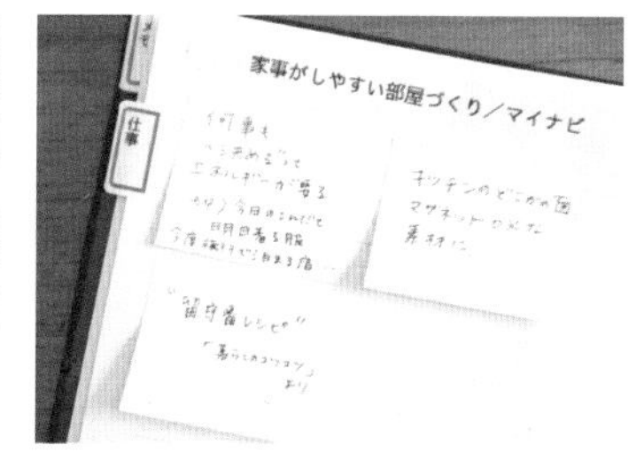

浮现出工作上的新想法时，立刻记在便笺上。作为素材储存起来

想去的餐厅和酒店清单

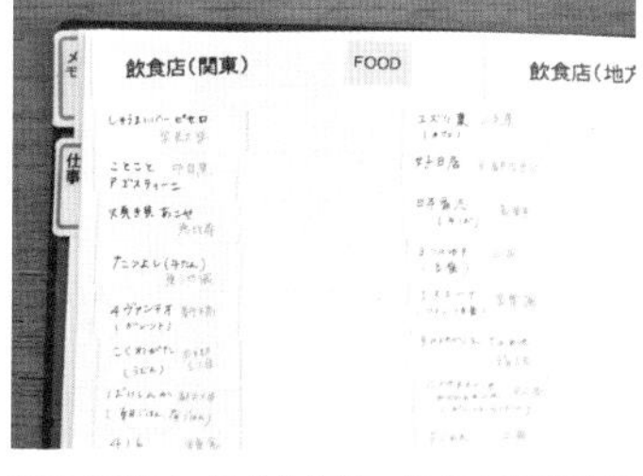

想去的餐厅、想住的旅馆，把名字和地址写在便笺上。然后通过网络搜索详细信息

在年度日程里写好生日

此页不常使用，可记上家人和朋友的生日。每个月初注意确认

纸质物品的分类与保管

临时保管箱：* 硬质纸浆盒 · 带盖式 · 浅盒（无印良品）

不要的纸质物品，在玄关处立即处理好，其他的放进客厅的临时保管箱中“待机”

每天总会收到一些来信，其实就这么放着也不会很困扰……纸质物品一点一点增加的原因，其实有很多。比较有效的应对方法是："一看见就立刻判断要还是不要。"但说起来容易，做起来难啊。

因此，我优先考虑到“家里现有的所有纸质物品都要有个固定放置处”，准备好了临时保管箱。这样一来，就可以堂堂正正地“延后”整理了。整理箱子的时机，可以选在心情不好、心烦意乱的时候。因为把箱子整理清楚，可起到超乎想象的净化心灵作用，之前的郁郁不快将会烟消云散。要保管的纸质物品，放在如左图所示的地方。除此之外，全部处理干净。“仅把想要的信息留在身边”，以这样的感觉来进行取舍，就不会犹豫不决了。

保管时间超过一年的→蛇腹形文件盒

长期保管的文件统一收集在此。目录为索引式，可轻松分类，如“人身保险参保日”等需要的信息，立刻就能搜寻到

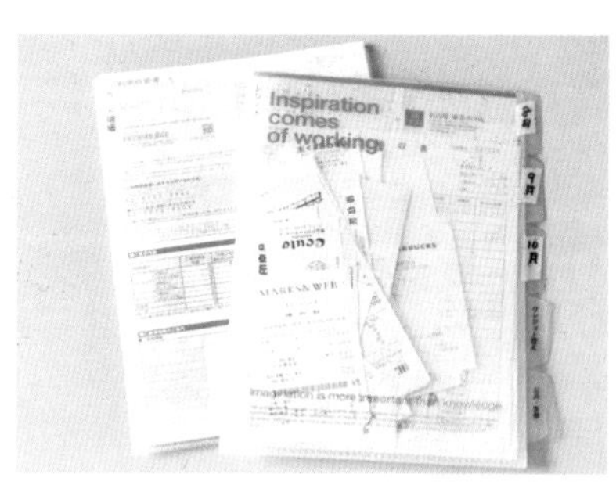

发票、收据→透明文件夹

确定要报税的，在透明文件夹中附上索引条，大小能放入口袋即可。收据每过 3 个月统一整理在笔记本上

书信、电影票→笔记本

收到的书信、短笺，偶尔冲洗好的照片等，自由地贴到笔记本上。如同生活日志般，回看时特别开心

少量信息→便笺或拍照

当想要收集纸上的一部分信息时，可以将其记录在便笺上或拍成照片。然后把便笺贴在手账上，直接作为“信息素材”活用

刊登杂志页→裁切后归档

刊登着我工作相关内容的杂志页面，以看得见题目和主题的样子折叠好，用订书机订齐，之后找起来很方便

免费报纸和商品目录→洗手间

因为很忙，没时间阅读免费报纸和商品目录。把它们都放在洗手间里，可以自然拿到手边，制造过目一下的机会

记下全部的衣服行头

笔记本：*PP 封套活页笔记本 · 带口袋 · A5 大小 · 白色 90 张 · 点格（无印良品）

买完新衣服后，与手头本来就有的衣服做出 3 种搭配，用手机拍下来。可作为下次选衣服时的提示

自打我开始记录自己全部的衣服行头，已经过去 1 年时间了。说起这么做的契机，是因为有次在工作时，有人问我："你这件衣服是什么时候买的呀？"但是说真的，我完全不记得买那件衣服的时间，脑子里只有模模糊糊的记忆。因此，只要一买新衣服和小物件，我就会把标签和收据用可撕胶水粘在笔记本上。到了要处理这件衣服的时候，也把标签同时扔掉。

回顾一下笔记本，这 1 年里自己买了什么样的衣服，花了多少钱，这些信息都被可视化了。"短时间内可以不买裤子了""也许可以买一件色彩明亮点的针织衫"等，购置衣物时可以使用这些提示。这样一本笔记本得以让我与一件件衣服面对面。

好好做旅行计划

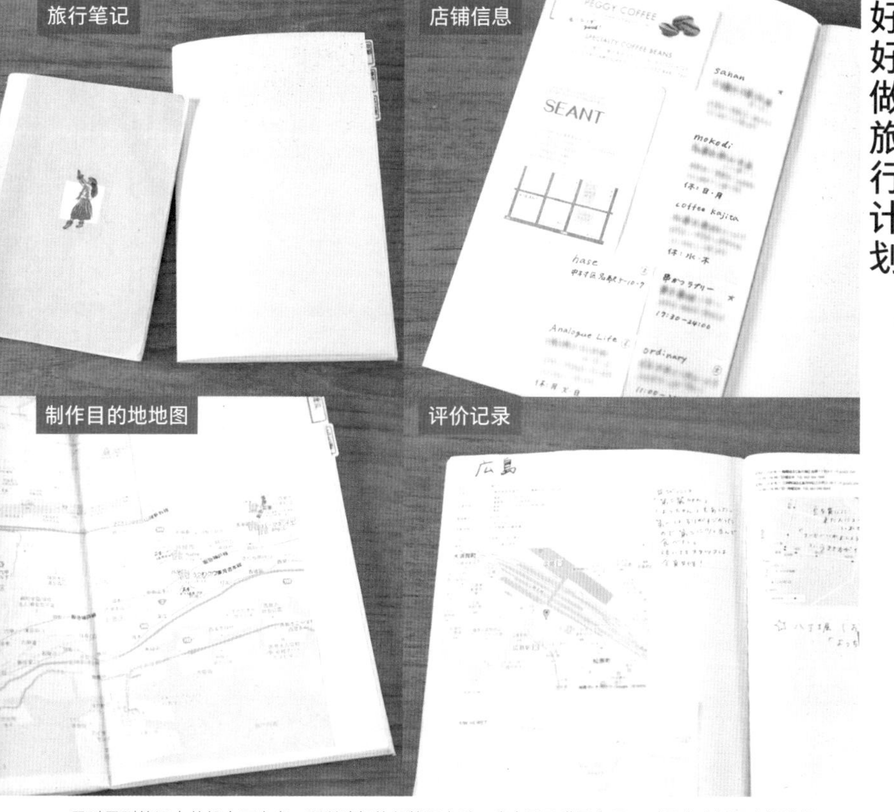

平时用到笔记本的机会不太多，所以选择旅行笔记本时，我会尽量满足自己“对于中意笔记本的欲望”

杂志上看到中意的旅馆后，剪下来用订书机订好，放在透明文件夹里

暂时从日常生活中退离一步，出发前往令你有兴奋感的旅行目的地，这可是最棒的乐趣啊。因此，旅行前要做好周密准备。“好不容易来这儿，居然遇到休息日……天哪！”为了不发生这样的悲剧，做计划时不可麻痹大意。

旅行时，我始终会把“旅行笔记”带在身边。手账上贴着写有“想去的店”“想住的旅馆”的便笺，以它们作为灵感收集各种信息放在里头，一本原创旅行指南就完成啦。另外，用手机看地图的话，由于画面太小难以显示全部的区域，所以我会将想去的地点全部做好标注，做成一张“我的地图”，并且整张打印下来，贴在手账上。在旅行过程中，“这家店○○是绝品”“○○很有趣”之类的评价也记下来。这么一来，下次再去这个地方的时候，就可以作为参考。

如何高效利用有限的时间

要开车的日子，外出前用手机看一下路况。工作结束回家时，感觉会遇到拥堵，干脆把车开下高速，在最近的超市买点东西，或者进入带停车场的星巴克继续工作……等路上不堵了再开车回家，这样做不浪费时间。

我和丈夫过着二人世界，虽说我算是一名主妇，但还只是初级新手。从已经做了母亲的朋友那里听说，有些主妇除了要应付工作、家务、育儿、与孩子相关的志愿者活动、接送孩子上下学，还要照顾家里老人。每天忙得头晕眼花。即便如此，一天中大家都是平等地拥有 24 小时。如何使用有限的每天时间，就看使用者本人了。这么一想，我觉得要抱有“现在我正在这件事上花时间”的意识，度过有意义的时光。

虽说如此，我之所以会这么认为，也是累积了许多失败经验和后悔事的。“忘记买重要的东西了，得再去一次超市”“一直在上网，不知不觉竟然过了 3 个小时”“明明有些紧急工作要做，却像逃避现实似的不停做家务”等，想一想，之前我总是做些令自己哑然失笑的糗事呢。

我最喜欢舒舒服服待在家里。但是，这是自己下定决心主动去做的。正因为有限制，所以想更主动地利用时间，尽量提高生产效率。我一直如此提醒着自己。

在咖啡馆中处理事务性工作

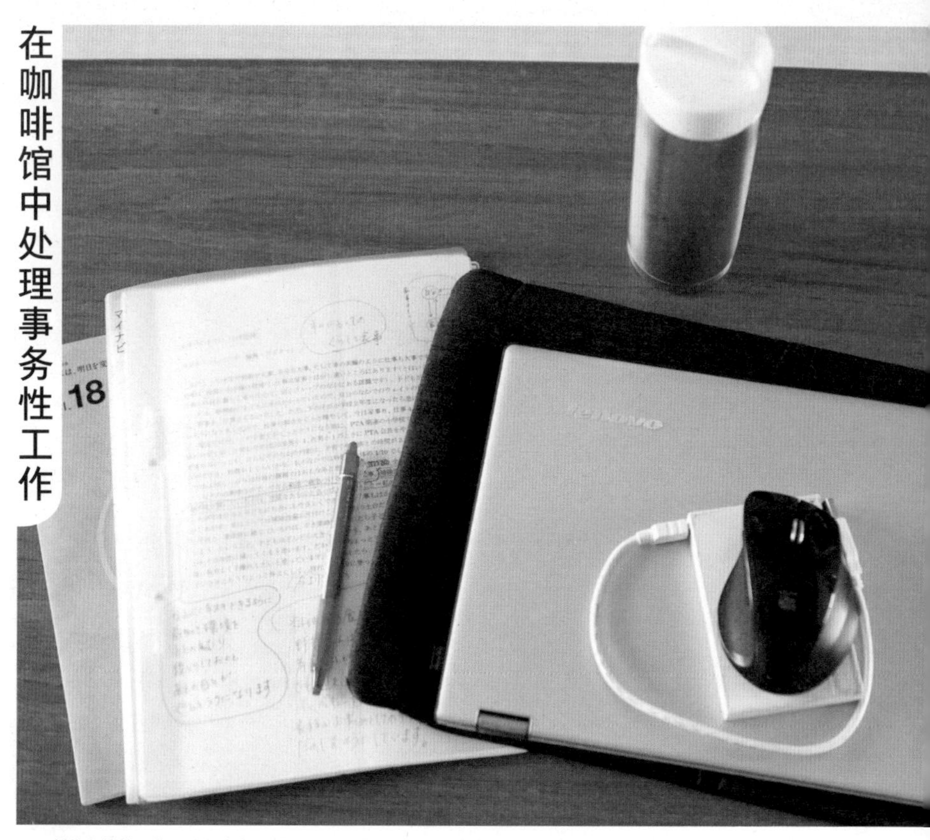

制作文件等工作，比起在家里做，在咖啡馆中做更容易集中精力，也能提高生产性

想不出要干什么的日子，就把上图的事务工作用具塞进包中，前往咖啡馆

今天自由时间很多哦！像这样的日子，我会把笔记本电脑、收据整理文件、1 本书、手账、自用水壶放入包里，走进咖啡馆。我经常去的是有 Wi-Fi 环境、带停车场的星巴克。在那里，我会做些整理收据、资料制作、收发电子邮件等事务。在斋藤孝先生所著的《空出 15 分钟的话，请去咖啡馆》一书里，有这么一句话："踏入咖啡馆时突然改变想法，切换至工作模式。"读到时，不禁让我感叹确实如此呢。旁边有点人，可以防止自己懒散，这也是在咖啡馆工作的一个优点。如果外出目的地附近有咖啡馆，自己又有 30 分钟左右空闲的话，我就会进去。咖啡馆，就是我的第二个工作场所。

『先发制人』，提高效率

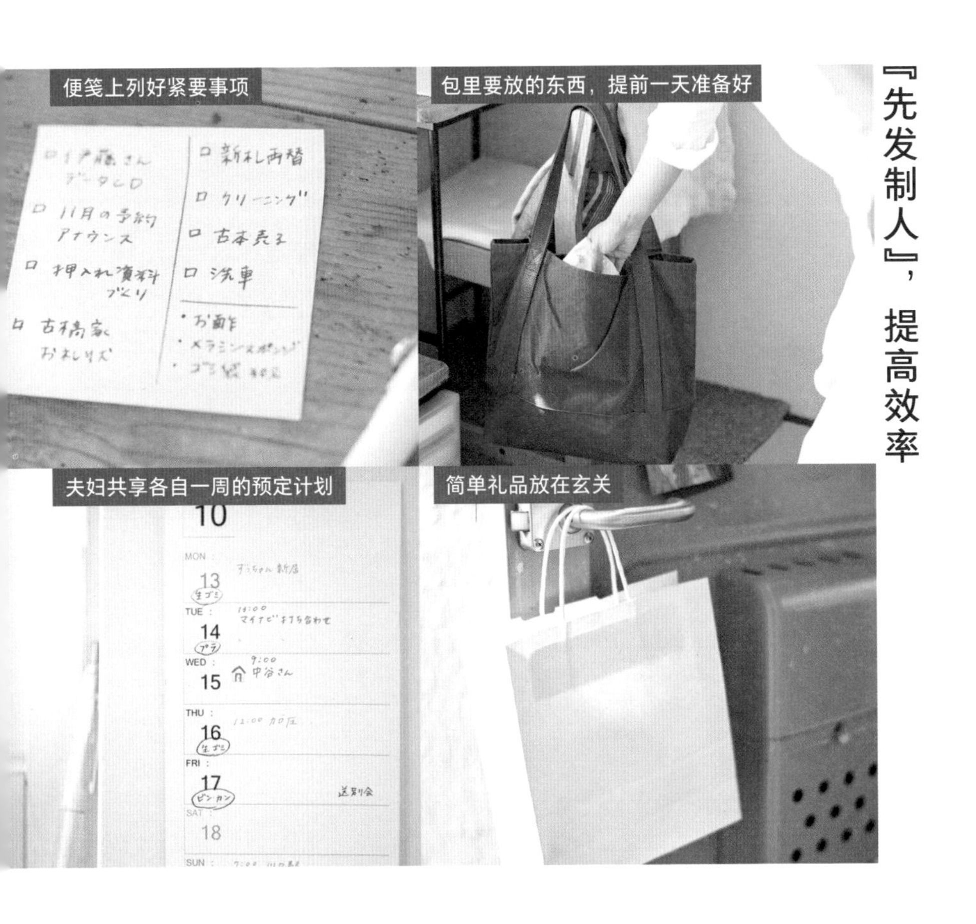

列有要事清单的便笺，习惯贴在必看的钱包、手机和汽车仪表盘上

我的工作场所，主要在接受整理收纳服务的客户家中。拜访各家各户时带去的物品，根据客户不同各有差异。当然，放进包里的和带进车里的东西也不一样，为了当天早晨不至于慌慌张张，我会在前一天准备好。包里的东西每天都会检查，连放零钱的钱包也会确认。另外，拜访给我很多关照的人时要带去的伴手礼等，会事先挂在玄关门把手上，以防出门了才一拍脑瓜，大呼“忘记了！”的情况发生。当天要解决的事情、要买的东西，写在便笺上。厕所里也会预先贴好写有“本周计划”的纸张，和丈夫互相共享日程安排和垃圾回收日。

任何事情都要“先发制人”。花一点点功夫让“之后变得轻松”，效率会随之提高。

灵活利用网店

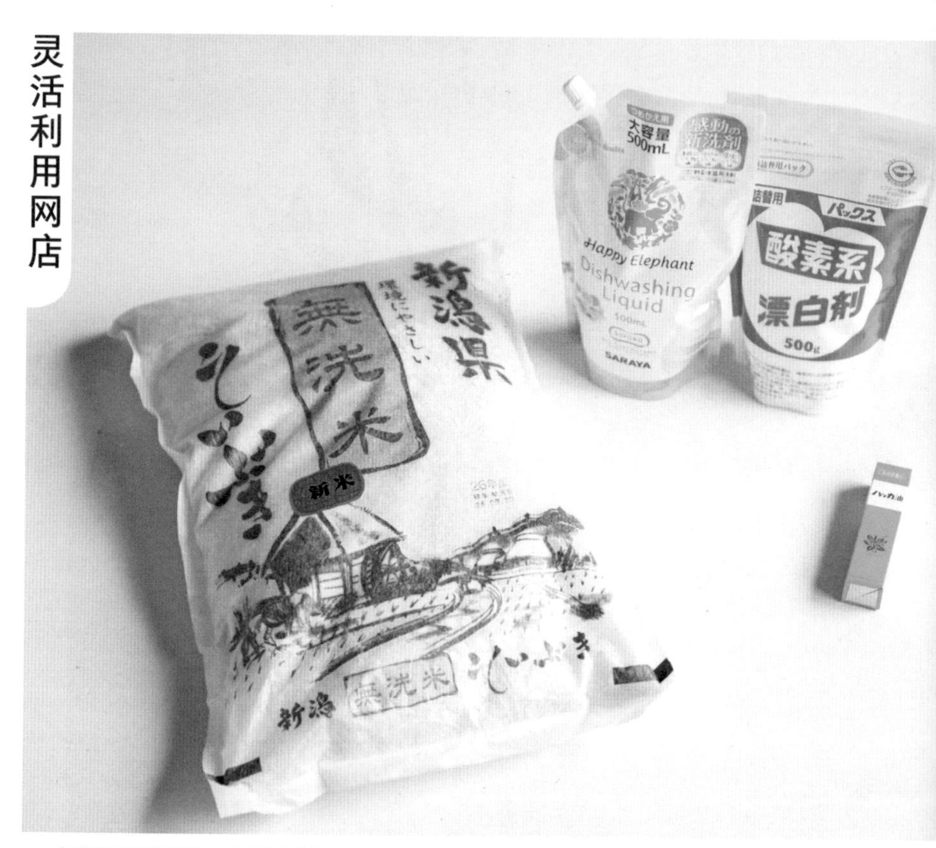

家附近不容易买到的、太重懒得搬的东西，全部网购

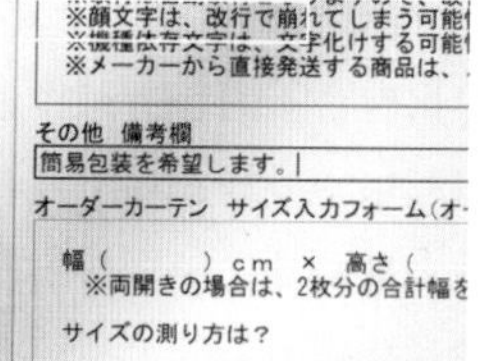

网络购物时，备注栏里写好“希望简易包装”，有些店铺就会以最基础、环保的打包方式将东西送来

“今晚做什么菜呢?”“剩下的保鲜膜没多少了。”……生活中总是不停买买买。而且,“在店里购物的时间”“来回往返的时间”“在家做分类的时间”等，如果将与购物有关的花费时间以1月、1年为单位合计起来的话，数字一定相当庞大!

因此，自从成了一名主妇，每当忙碌或是需要节约时间的时候，我都会积极地利用网购。关于网购的秘诀，首先是要把需要的东西写到纸上，尽量选择一家可以买齐大部分物品的店铺，这样的综合购物可以控制快递费成本。通过活用网购而省下的时间，可以用来小憩放松或者做点工作，做些更有生产性的事情。心有余欲，人也会开心不少。

简单礼品选择基本经典款

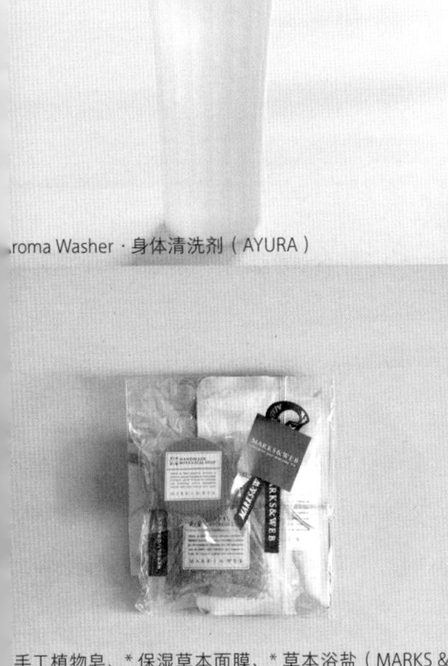

a Aroma Washer · 身体清洗剂（AYURA）

b ＊燕麦 · 原味和风牛蒡混合食品（GANORI）

c 手工植物皂、＊保湿草本面膜、＊草本浴盐（MARKS & WEB）

d（左）＊山之幸 栗子点心（信州里的点心工坊）、
（右）＊田之蓑 苦味巧克力 · 抹茶巧克力（田之步）

礼物附上明信片或者信件。为了能够马上拿出来，最好先在小文件袋里放好

"我觉得本多女士肯定喜欢这个……"收到别人旅行带回来的纪念品时，看着上面附着的让人开心的话，真是会被感动到，觉得对方非常有心。为了不让对方感受到负担，也要送出与之相匹配的礼物，我想成为这样的"送礼美人"！

虽说如此，由于挤不出时间买东西，订购又很花时间，所以平时一有空，我就会准备好一些基本款的礼品。比如，"A 小姐喜欢日式点心"，把这样的信息写在手账上，或者在觉得"这个看上去不错"的时候，截图存在手机里。

要选择适合对方的物品，如果事先多准备几样的话，送出时就不会慌慌张张的了。

专栏 1

晨间习惯 · 晚间习惯

“动手吧!”很多事情都是像这样稍稍提起干劲就可以开始做的事情。如此激励自己、调整好别扭心情的话，要做的事情自然就能持续做下去，成为“习惯”。接下来我要介绍给大家的“晨间习惯 · 晚间习惯”非常简单，是我个人一直坚持做的事情。

早上起来之后，首先开火煮前一晚准备好的早饭（事先在锅里面放好米和水）。走进洗手间，在香薰器里加入几滴薄荷精油。接着将广播频道调至 J-WAVE 频道，让别所哲也的声音环绕耳周……这样做不仅是为了收集当天天气和新闻等信息，也是因为在同一时间听着同一个人的声音，让人感到安心，能够调整好一天的心理节奏。之后，从邮筒中取出报纸放在桌子上（给丈夫准备好），做好便当，在水壶里加水和茶包（也是为丈夫准备的）。至此,“晨间习惯”结束。夜晚，桌子上不要放任何东西，锅里放好米和水。熄灯后走进卧室，在香薰机里加入水和香薰精油（香薰种类根据心情选择），打开电源。睡觉前，夫妇俩互相帮对方按住脚，做 30 次仰卧起坐。最后，躺在被子上抬起脚，折起腰把脚抬过头，我把这个动作叫作“蛇形伸展”。至此,“晚间习惯”就完成了。剩下的，就是我最爱的睡觉时间。

第二章

参观方便打理家务的『房子』

在本章中，我拜访了能够将家务打理得很好的5个家庭。虽然生活方式各不相同，但通过各自的理由和所下的工夫，他们的家都打造得很适合做家务，流动着一股“清流”。

安排得井井有条的房子

5口之家：丈夫（公司职员）、妻子（自由作家）、大儿子（小学五年级）、小儿子（小学二年级）、丈母娘

住着两代人的整栋房屋（1楼是丈母娘住，2楼是清水家的小家庭居住），三室一厅一卫一厨（2楼面积82.79平方米），房龄8年

清水家的客厅，东西南北各有出入口，舒心的清风穿堂而过。照片中左边的长桌供孩子们学习用。早晨，孩子脱了睡衣就乱放，为此，在经常经过的电视机下方处设置了一个可放入睡衣的篮子。水槽上方吊着的放厨房用具的栅栏，是用旧空调栅栏涂白 DIY 的。这样的客厅空间很有开放感，能感受到家人间的互动。

从阳台收进来的挂洗晒衣物的衣架，挂在工作台的旁边。
“转换心情时顺便叠叠衣服”

“顺便”做的家务，效率高、用时短

清水花女士，自由作家，家住郊外的高地。清水女士在做家务的同时也要照顾孩子，还要做采访、写东西，每天的生活非常忙碌。

“因为不得不做的事情很多，不去有意识地安排的话，家务活容易草草了事。因此，我在家里从来不会空着手走来走去。上2楼的时候顺便拎着吸尘器打扫地板，或者早晨送家人出门时左手拿着手持拖把清洁灰尘，诸如此类，总之两只手不会闲着。”

确实，这个家里的所有地方感觉都很顺畅，到处充溢着清水女士的“气场”。

“我的脑子里一直有一半是工作，剩下的就是育儿和家务。为了让生活有序运转起来，合理安排是第一位的。”清水家为了提高家务活的效率，下了许多功夫。“桌子旁边挂洗晒衣物”“干燥机旁边放有棉棒”等。这种“顺便”做的家务正是易于打理的“机关”，在这个家中随处可见。

用水周边保持干净

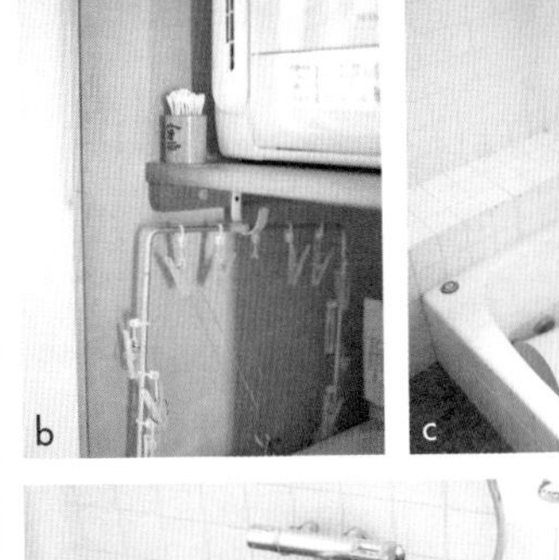

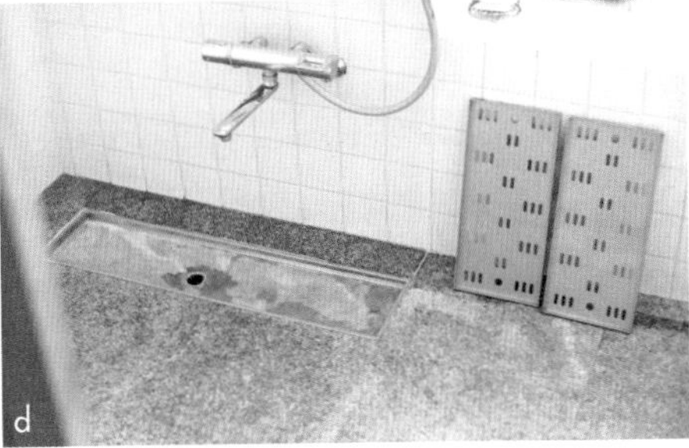

a. 脱换衣物的场所架设架子，* 无印良品的“可叠放藤条长方形篮子 · 大号（上）、小号（下）”。正好放入的大小。家人的内衣裤收纳于此

b. 容易堆积灰尘的干燥机周围准备有棉棒，可做一些细节处的打扫工作

c. 清水女士用小苏打代替入浴剂。用剩的热水浸泡洗脸盆或垃圾桶，要洗浴缸的时候顺便清洗

d. 每天早上都要将排水口清理干净了

给容易散乱的物品安个家

a. 遥控器用 *3M 的“高曼 TM 胶条”贴到墙上。有固定位置后，家人就不会老来问你东西在哪儿了

b. 纱布口罩、棉布和迷你毛巾放入荷包。周一～周五的份在周末归整好，挂在 100 日元买来的丝网上备用

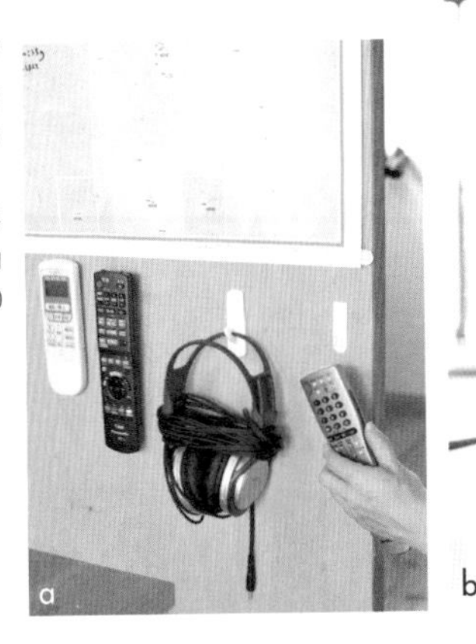

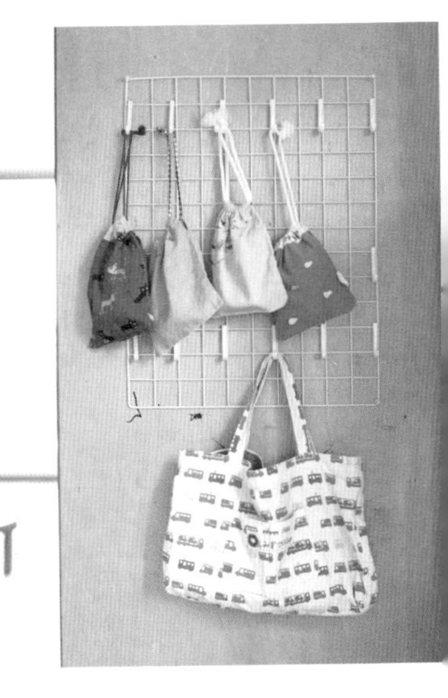

乱乱的厨房，如何迅速整理好

用板子和双面胶条手工制作一个架子

在家居中心购买板材，用双面胶条贴个“コ”字，收纳力升级的临时便捷架制作完成

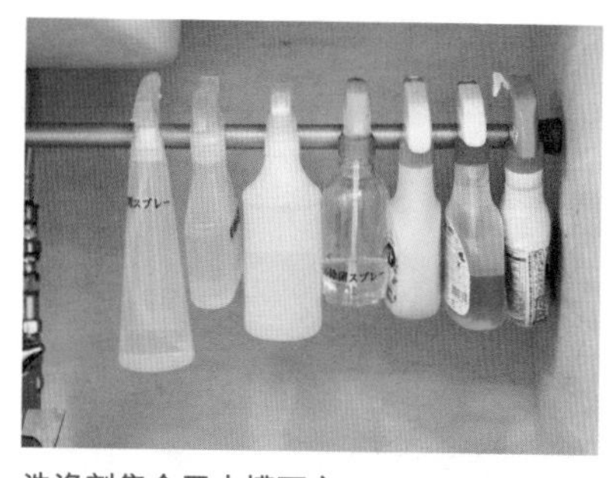

洗涤剂集合于水槽下方

根据污渍的顽固程度，使用多种洗涤剂。为了能够迅速选取，将它们全都挂在支架上

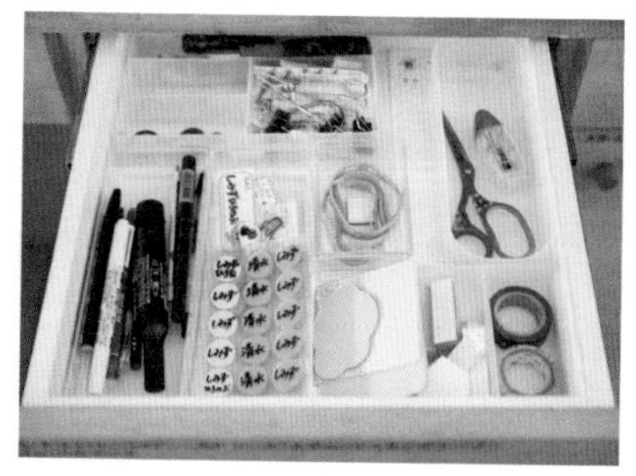

使用频率高的文具放在抽屉里

育儿的主要事务：写孩子的姓名。姓名笺和文具是厨房的必备品

借助太阳的力量，晾干餐具

漆器、砧板以外的用具拿到阳台上，自然晾干。“让太阳帮我做家务”

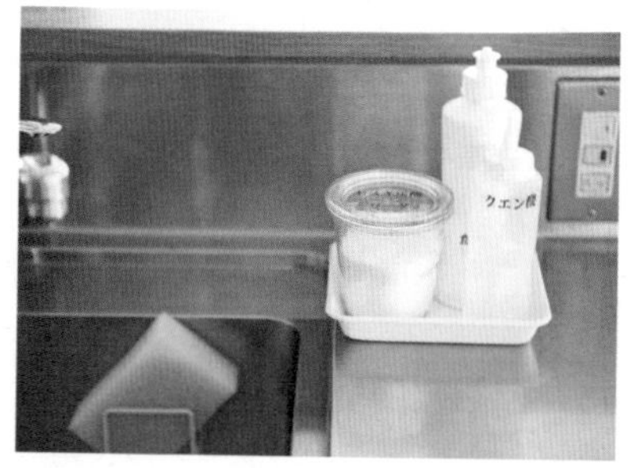

海绵刷倾斜 45 度放置，便于更好地沥干水分

餐具专用洗涤剂、小苏打和柠檬酸统一用白色容器盛放。海绵刷倾斜 45 度放置，保持卫生

垃圾箱选择小尺寸最好

之前同时用很多垃圾箱，现在仅用这一种。“折叠起来小而紧凑”

不会囤积保鲜膜和洗涤剂的库存，“即使一天里没用到也不会困扰”，收纳中采取五五分。即使是要放进冰箱里的东西，也要根据需求选择更新鲜的，少量购买。东西越少，打扫、整理起来越轻松。“我习惯早晨清洗餐具，所以晚上水槽里乱一些也没什么关系。要是晚上洗的话，喝醉了时可就没办法啦（笑）”。

能让人产生愉快生活想象的家

在家工作比较轻松，但从另一面来说，家务和工作的界限会变得模糊，兼顾起来比较困难。而清水女士极为擅长处理好这两者的平衡，在她身上，我既见到了“家事、工作都很看重”的事业型妈妈强烈意志，也感受到了“根据实际状况随机应变”的灵活性。“顺便”做的家务，也许就是为了在有限的时间里最高效地操持家庭，从而不断试错得出的结论吧。“餐具反正会干的，不用擦了”“反正最后都会变得乱七八糟，孩子的衣服就不叠了”……即便这样也不要紧哦。我认为，只要家人能够开开心心、舒舒服服地过日子，就算家里没那么整齐也没关系。清水家的房屋设计本身就很棒了，当住在这个家里的家庭成员展现出个性和所做的努力时，这样的魅力同样引人注目。

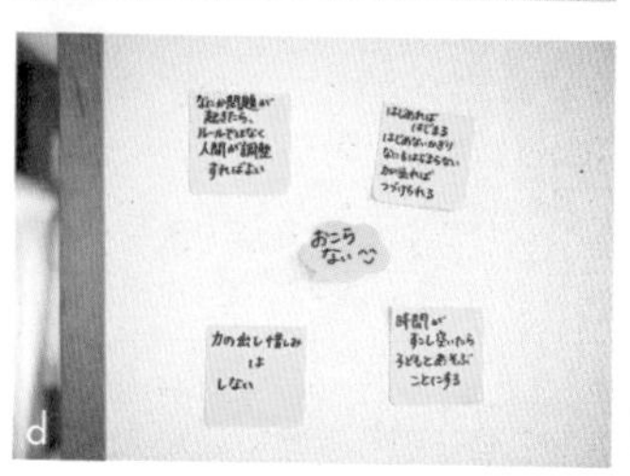

a. 孩子们的衣服收进来之后，将兄弟俩的分开放进篮子里

b. 客厅里要用的物品仔细分类，放入抽屉。贴着标签，一看就明白

c. 孩子们带回家的画作，不会收起来，而会马上贴到墙上

d. 将写着“本月目标”的便笺贴在显眼处，给自己留个言

e. “这个小角落真好呀。就像图书馆里头的儿童活动空间一样”

一天的日程

做家务时间：平日约 2 个半小时
平日的家务活：吸尘，洗衣服，做饭，打扫用水周边
休息日的家务活：平日常做的 + 打扫厕所（抽水马桶除外），擦地板（偶尔），熨衣服（丈夫来干）

5:00 起床，写稿子

6:20 洗衣服，打扫浴室和洗脸台的排水口，跟着 NHK 电视台的“电视体操”节目做操

6:40 洗掉昨晚未洗的餐具，叫孩子起床，晒被子（丈夫来干）

6:50 准备丈夫的便当和早餐

7:15 和家人吃早餐，洗餐具

7:50 送丈夫和孩子出门，晒干衣物，把餐具拿到阳台上去，扔垃圾

9:00 继续写稿子，外出采访

16:00 购完物回家，把餐具、洗晒衣物和被子收进来，接送孩子上补习班

18:00 准备晚餐，打扫浴室，洗澡

19:00 吃晚餐，看孩子写作业

20:00 开车去车站接丈夫，和丈夫喝点酒

21:30 最后打扫厕所，家人们一同就寝

【家务之于我】

“一点一点，持续做下去就不会觉得辛苦。一偷懒的话就会落下。可以把家务作为锻炼身体的运动吧。”

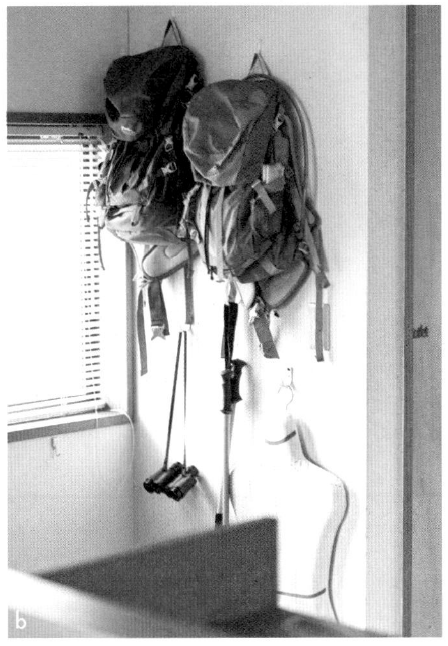

a. 走廊一角有一个架子，专门放矿石（大儿子的兴趣爱好）。房间的各个角落都有“家人现在正热衷的兴趣物件”，可见非常享受生活

b. 清水一家到了周末会去爬山。背包类的物品都放在 2 楼。据说熨衣服的工作由丈夫负责，因此熨斗桌也有专门位置

方便家人活动的房子

二人世界：丈夫（公司职员）、妻子（专业主妇，为取得整理收纳咨询师专业资格正在学习）
贷款买的公寓，一室一厅一卫一厨（54.12 平方米），房龄 1 年

窗前一片公园绿景。山口女士就住在这样一座公寓楼的角落处。为了心情愉悦地迎接早晨的到来，桌子上不会放任何东西。

地板上尽可能不放置任何物品

床的对面安装着＊无印良品的“可壁挂家具·架子·88厘米”，上头挂有两个篮子，夫妇俩的家居服收纳于此。“篮子如果放在地板上，会懒得弯下腰。挂起来的话，就没这个困扰了。”山口女士说道

山口女士和我都很喜欢无印良品。说起中意的商品时，聊得热火朝天

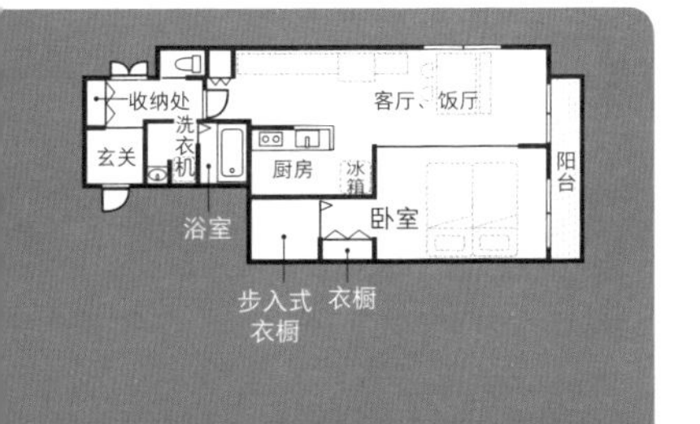

配合房主行动的构造

a. 为了尽量不把外头的灰尘带进室内，玄关旁设置了架子和挂钩，用来挂丈夫的通勤包
b. 在走廊上设置一个挂东西的场所，丈夫脱下鞋子后可以马上脱掉外衣，取下身上的小物件，直接走向浴室
c. "我到车站了哦"。收到丈夫的短信后，山口女士会烧好洗澡水，把装好家居服的篮子放在脱换衣物的地方，做好准备

a

b

c

追求舒适，开展家务

山口女士的丈夫患有特应性皮炎。为了让生活多少能舒服一些，结婚后，山口有利子女士精心照顾，让丈夫服用脱类固醇剂来改善体质。

"看到丈夫忍着奇痒痛苦回家，实在可怜，有时真的不忍心看下去，现在症状改善很多了。我能做的，就是让家里保持整洁，准备美味又健康的餐食。平时一直边注意着这样的事情，边干着家务，慢慢发觉自己想成为一名整理收纳咨询师。现在，为了取得专业资格证书，我正在努力学习。"

山口女士不光是想想而已，而是会去实践任何事情。"这里要是挂上通勤包会很方便""用带把手的篮子来收纳家居服，方便行动"等，脑中想到妙计时首先会去尝试，这么一来，舒适的生活才会逐渐展开。这一切的原动力，就是对丈夫的体贴。这一点我也要好好地向她学习呢。

如何才能易于打扫

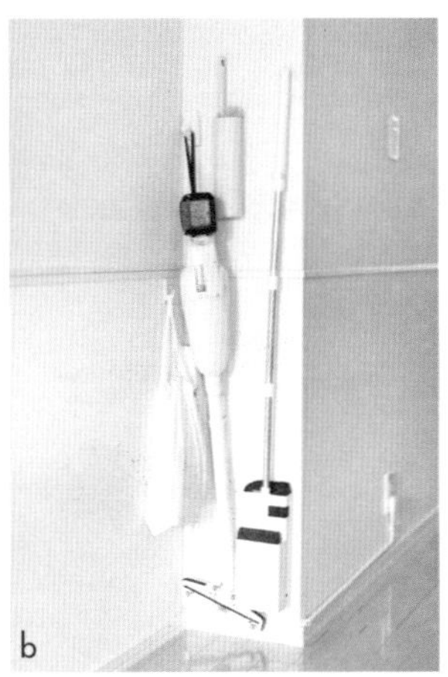

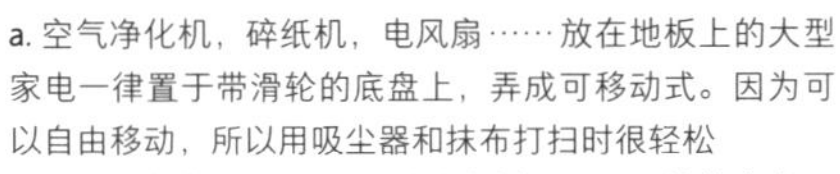

a. 空气净化机，碎纸机，电风扇……放在地板上的大型家电一律置于带滑轮的底盘上，弄成可移动式。因为可以自由移动，所以用吸尘器和抹布打扫时很轻松

b. 手持类打扫用具，为了能够立刻取用，一律挂在客厅显眼的角落处。都是白色的，不会眼花缭乱

c. 厕所里采取开放收纳的方式。不是直接放置，而是悬浮状态。打扫起来更方便，也更易保持清洁

厨房用品全开放，易于操作

a. 厨房背面配置一个开放式搁架，将使用频率高的物品收集于此。只做一个动作就能取用，非常方便

b. 第一层搁板上加设隔板，利用中间的空隙放保鲜膜、密封袋等高度相似，同为细长型的物品。都用置物盒收纳，看上去很清楚

a. 客厅一角，放着带滑轮的书架，作为工作空间。夫妇俩共用的文具、卫生用品和文件，按照不同类别收纳于此。打印机上挂着擦拭用的抹布

b. 笔记用品、橡皮等小东西用隔层分开，打码机等大物件则放在没有隔层的抽屉里。活用无印良品的收纳用品，自行组合

不放过任何小小的不便

“比较大的器具，我原先都是叠起来放在厨房的开放式搁架上。”山口女士说道。某天，她试用了一次餐具立架，发现取用动作一下子轻松了很多。后来，她又试着把餐具立架放入无印良品的藤条篮中，发现这样更好、更稳定。从这些小事就能明白，山口女士不会放过做家务时发现的任何小小不便，是一个想要不断改善现状的人。看着山口女士，我充分感觉到了做家务这件事里，有通过自己的努力创造更多乐趣的可能性。以前山口女士的丈夫总会直接把自己的东西丢在地板上或桌子上，这让山口女士很在意。她说：“通过观察丈夫，按照丈夫的行动路线改变收纳方式，东西就不会被乱放了。”这真是“从不擅整理的人的角度出发，打造收纳体系，家里才会井然有序”啊。

一天的日程

做家务时间：平日约 4 小时
平日的家务活：掸灰、吸尘，清洁用水周边，打扫厕所、浴室，洗衣服，做饭
休息日的家务活：平日常做的 + 根据脏的程度擦窗户或纱窗，或是清洗换气扇或打扫玄关

5:00 起床，用太白芝麻油按摩

5:30 擦地板，烧热洗澡水

6:00 半身浴，换衣服，打扫浴室

7:00 准备早餐，吃早餐，洗衣服

7:30 送丈夫出门，洗餐具，掸灰、吸尘

7:45 打扫厕所

8:00 晒洗衣物，打扫洗衣机内的过滤器，倒垃圾

9:00 ~ 自由时间。资格证考试学习，到娘家或亲戚家帮忙整理等

17:00 ~ 购物，把洗晒衣物收起来，准备晚餐，算准丈夫回家时间做好入浴准备

22:00 和丈夫吃晚餐，洗餐具

01:00 洗澡，就寝

【家务之于我】

"家务是为了家人健康生活必须要做的事情。自从开始学习整理收纳，我比以前更喜欢做家务了。"

a. 带滑轮的小车上，放比较重的机器或者熨斗，各种缝纫用品也收纳在这里，取用顺畅
b. 原本仅在比较低的位置装支架的步入式衣橱。现在，在能挂上连衣裙的高度设置强力支架
c. 容易找不到的腰带和各种小物，在墙壁周围确定好固定位置，一目了然

方便穿衣更衣的房子

两人世界：丈夫（公司职员）、妻子（公司职员）
贷款买的公寓，两室一厅一卫一厨（47.3 平方米），房龄 12 年

衣服、眼镜、香水、包等“穿戴物品”归集于一处，提高准备行头的速度。

a. 衣服以黑、白、灰、蓝为主色。基调互相配合，衣服搭配起来也很容易。时髦人士 = 能够灵活利用少而精的行头的人。照井女士非常明白这一点

b. 配件使用 * 无印良品的“可叠放亚克力 2 层抽屉”和“内里丝绒隔层”，易于取用

c. 长款连衣裙可像照片一样，用两个衣架挂起来

d. 好闻的香水和放进口袋的东西，在衣服收纳周边设置固定位置

“关上橱门，干净整洁”的衣橱。门把上挂着经常用到的包

早晨选衣服时不再犹豫的收纳方法

对时尚充满热情的照井知里女士，果然还是做洗衣服、熨衣服、管理衣物等家务时的积极性更高。即使是忙碌的早晨，一发现衣服上有褶皱，立刻就想用蒸汽熨斗熨好。为此，她在客厅一角放着熨斗，这样做非常合理。对我来说，熨衣服却是会被推迟到后面才做的事。照井女士对于衣服上的褶皱不会“哎，算了吧”随便应付，而是立即处理。我很佩服她的这一点，真是一位时尚人士啊。她的大部分衣物都是吊挂起来收纳的。按照长短将收纳区域进行分类，注意不把所有衣服和小物件都归集在同一处，使衣服看起来“憋屈”。这么一来，早上就能立刻决定好当天的行头搭配了。

“我不擅长打扫和整理……”“哪里哪里，您这不做得很好嘛。没事的”

构筑“我家的专属风格”

照井女士说：“结婚初期，我很担心是否能做好所有家务活。”即使现在，到了晚上，工作累了一天回到家，做好饭吃完后，也时常会感觉花光了所有力气。但是，能感受到照井女士正在构筑属于“自家的专属风格”，比如为了随取随用而把吸尘器挂在浴室侧边、将桌上零碎的小东西归在篮子里盖上手帕藏起来等。在采访中，我从照井女士那里得到了许多有用的情报，例如用过之后才发现很好用的生活用品、好吃的菜肴制作方法等。这让我很想给她加油：“家务活，咱们一起努力吧！”

排列井然有序，用手帕『隐身』

照井女士已进入婚后第2年。最初，夫妻二人的CD和书都放在一起，书架满满当当的。后来，卖掉了重复的CD和书，一点一点进行整理。丈夫负责按照字母顺序排列、收纳CD的工作

一天的日程

做家务时间：平日 1 小时
平日的家务活：洗衣服（一周 3~4 次），做饭，熨烫衣服
休息日的家务活：大扫除，洗床单和高档衣物，擦鞋

8: 00 起床
不太能早起，这时候基本不做什么家务活，早餐夫妇俩各自解决

8: 30 设好煮饭器的时间，准备自己中午的便当，熨烫衣物

9: 10 到达公司

13: 00 午休时去买晚餐食材。至于晚餐菜单，通常会问喜欢料理的同事："晚上做什么好？"之后再决定

21: 00 回到家，洗衣服，准备晚餐

22: 30 晾衣服，洗澡，叠好前一天洗好的衣服

23: 30 丈夫回家，吃晚餐，聊天

01: 30 吃完晚餐收拾好，把垃圾带到公寓的垃圾收集处，就寝

【家务之于我】
"家务是要加油的事情。仅靠一己之力还是不太能完美地做好家务。但我正在努力练习中！"

a. 洗衣机周围，用无印良品的"不锈钢架子"和三个"Found MUJI"的"铝制盒子"提高功能性。其中收纳有内衣和家居服。之后要洗的衣服、洗完的衣服，都用手帕盖起来，以免看上去凌乱

b. 每块手帕都用熨斗熨好，放在鞋柜上的篮子里备用。花费这样小小的工夫，就能心情愉悦地出门上班了

由于工作关系，足立家来访的客人很多。餐具摆放轻松，看上去不杂乱。为此，在水槽前设置了带玻璃门的架子。

厨房方便做菜的房子

三口之家：丈夫（公司职员）、妻子（自然疗法师）、大儿子（小学六年级）
独栋租房，建筑面积 72 平方米，房龄 35 年（改装后 9 年）

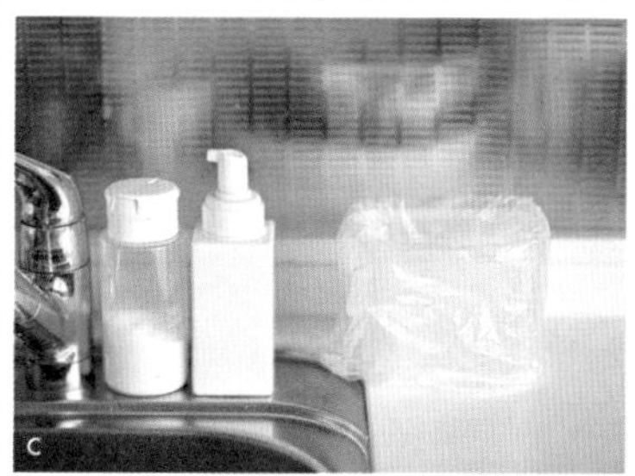

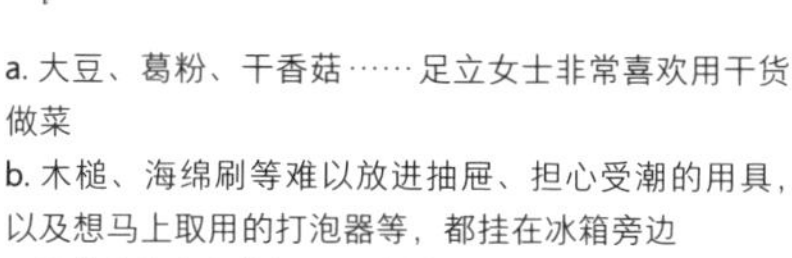

a. 大豆、葛粉、干香菇……足立女士非常喜欢用干货做菜
b. 木槌、海绵刷等难以放进抽屉、担心受潮的用具，以及想马上取用的打泡器等，都挂在冰箱旁边
c. 蔬菜皮等含水垃圾，丢在铺有塑料袋的小垃圾箱里。"水分越少，垃圾越不容易发霉"
d. 炉灶旁边装上铁架，挂上调料架。"时令食材可以用各种调料制造出变化，增加食欲"
e. 每到玉米和梅子最美味的时节，都会大量购买，冷冻起来
f. 可回收垃圾放进购物篮里，带去超市，扔进回收箱

橱柜 1 层是手工皂的成品放置空间。每次打开橱门都充满期待

厨房是个有趣的"实验室"

做菜时放入干货和各种调料，活用小苏打和柠檬酸。这些对我来说都是不会干的事。因为不知道怎么做才正确，所以我一直不敢尝试。但是，听完足立百惠女士说的话，我原先的印象瞬间改变了。"事先用水泡发干货，立刻就能用。打扫用水周边时，撒上小苏打，再用湿抹布擦一下就好。很轻松哦。"听足立女士这么说，我感觉难度似乎降低了。以顺势疗法理论为基础从事饮食与健康咨询工作的足立女士，使厨房变得宛如一个实验室，无论什么都能做。制作本身即是乐事。在这样的厨房里，关于食材的话题张口即来。

无论哪里都很整洁，散发着自然好闻的香气。一个让人想做深呼吸的家真好呀

只要享受其中，做家务就会变得像兴趣

足立女士家里，用水周边总能保持清洁。市面上有一本叫作《聪明女人会做菜》的书，但我觉得要是有叫《聪明女人会打扫用水周边》的书，那更有真实感呢。足立女士的儿子现在住在离家较远的寄宿小学，因此夫妇二人平日的生活以工作为中心。一到周末，儿子坐电车回来，全家人一起制作料理、打扫卫生，家里变得很热闹。利用当季食材制作干货食品、做手工皂等活动，都能非常“高明”地让家人一同参与进来，足立女士的生活可以说把家务处理得更接近于开展有趣的兴趣爱好。这也是我很憧憬的主妇角色。

用水周边以白色统一，打扫至细节处

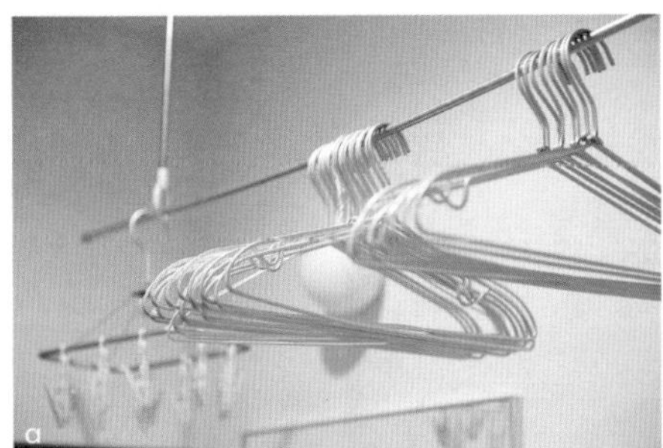

a. 滚筒式洗衣机上方安装了可晾晒衣物的杆子，挂上衣架，做好准备。如此一来，洗完衣服后就可以直接将衣服拿出来晾好

b. 洗衣服、打扫卫生时经常用到的小苏打、柠檬酸、倍半碳酸盐等，都放在使用场所附近

c. 洗脸台下面是一个开放空间，收纳着手持式吸尘器，发现地板上的头发时立即就能吸掉

一天的日程

做家务时间：平日 2 个半小时
平日的家务活：打扫（起居室、浴室、厕所），做饭，洗衣服，根据具体需要熨衣服和缝纫
休息日的家务活：做饭，洗衣服，偶尔擦窗、整理庭院

6:20 起床

6:25 准备早餐，吃早餐，准备行头，送丈夫出门上班

7:30 打扫，把洗晒衣物收进来

8:30 回复邮件，为当天的工作做准备

10:00 接待客人。开始健康咨询和救护讲座

13:00 咨询和讲座的整理善后，吃午餐

14:00 继续工作（电脑操作等），这期间可能也会购物

19:00 准备晚餐，丈夫回来后吃晚餐，整理收拾（如果丈夫晚归，这一流程可能会晚点）

20:00 洗澡，打扫浴室

21:00 洗衣服，晾晒衣服

22:00 继续工作或和家人聊天

23:00 ~ 0:00 就寝

【家务之于我】

"家务是日常的经营。干货的准备工作、制作抹布等，有时很喜欢这种可以默默操作的单纯作业。"

a. 垃圾箱选择小尺寸的足够了。容积越小，越不想出现很多垃圾，自然就不会浪费食物，也不会多买东西

b. 厕所里只放一盒浸入酒精的厕所用湿巾。放入在仓敷意匠买的容器里

c. 打扫用品、卫生用品的库存统一收集在 1 楼走廊的收纳处。把库存摆在一起就能清楚了解还剩多少，易于管理

小空间也能顺畅生活的房子

三口之家：丈夫（自由影像导演）、妻子（公司职员）、大女儿（2岁）
贷款买房，两卧一厨（40平方米），房龄11年

儿童座椅上有"S"形挂钩，挂着装吃饭用的棉布和围兜的小篮子，在需要的时候能够迅速取用。玄关处设置了分别收纳着拖鞋和手帕等物品的篮子。孩子的玩具统一放入一个篮子里，固定放在客厅沙发下面。即便有大型家具，也不会感觉狭小，因为墙壁上留有余白，而且空间得到了合理利用。

浴室
收纳间
卧室
洗衣机
鞋柜
客厅
阳台
厨房
玄关
冰箱
书架

活用留白，简洁整齐

能自然竖立着的篮子，作为经常使用的调味料的固定保存位置。根据需要移动到脚边

森谷容子女士说道："可能是因为职业关系，我很喜欢在书和杂志里看看别人的家。"就职于某家邮购公司目录制作部的森谷女士，具有很厉害的远见和规划力。即使房间很小，也不会感觉憋屈，让人心情放松。这是因为大大利用了白色墙面，并且注意不将物品放在地板上——也就是说，大量留白。另外，液体调味料虽然也是保存在篮子里，但不会收纳于厨房水槽下方。这一点也让人眼前一亮。"做菜的时候，不用特地把调味瓶从饭厅拿出去，就放在脚边的话，选择→使用→收好的整套动作就顺畅多了。"每一项布置都有充足的理由，让人很容易接受。

家具的高度大都在墙体一半的位置，空出白墙。不贴海报等较大面积的东西，用作装饰的孩子照片也尽量控制数量。木制餐具架上放的东西都是透明玻璃材质。不遮住墙壁才会发现，原来房间可以这么清爽呀

厨房的收纳物较少，因此决定只保留使用频率高的物品。采取悬挂方式，或者按照类别放入容器中，取用起来很顺手

严选物品再收纳

a. 水槽上方的吊挂式橱柜也只有一点点空间，所以储备食材时只采购能放进里面的容量。带把手的储藏库，取用方便。“如果有很多个小碗，做菜的预备工作就能一并做好，做起料理更顺利”

b. 家里没有资源回收用的垃圾箱，因此罐头、瓶子等可回收垃圾就放在阳台上挂着的宜家袋子里

森谷女士的全部衣服都收纳在这个小衣橱的左半部分。丈夫的工作台选择了迷你型桌子。多用“白色”，使空间看上去更宽敞。纸巾盒用图钉钉在墙上，不占桌面空间

原木色多的房间，洋溢着一股温柔。把布娃娃放进纸篓做装饰也很不错呢

东西少，做起家务很轻松

森谷女士说，三口之家当初搬进这个收纳空间比较少的房子时，减少了不少物品。

“如今非常忙碌，必须把工作、家务和照顾孩子安排妥当。住房环境缩小、简化后，物品管理起来轻松又高效，感觉家人之间的距离也拉近了。”正如森谷女士所言，她家里的东西非常少，连放在地板上的东西也是做了最大程度的缩减。物品状态一看就能明白，打扫和整理起来都能轻松搞定，只要花一点点劳力，就能达到“家中整齐有序的状态”。洗衣机前面的帘子和房间的窗帘，都是选用柔软、轻薄的布料。这种布料能让空间显得更具轻盈感，看上去令人心情愉悦。

一天的日程

做家务时间：平日 3 小时
平日的家务活：做饭，洗衣服，吸尘，打扫厕所
休息日的家务活：做饭，洗衣服，打扫浴室，擦地板，购物（一周的份）

6:30　起床，把昨晚用的餐具收回架子上，淘好晚餐的米，煮沸抹布和海绵刷，洗衣服，叫孩子起床

7:00　准备早餐，做便当（自己的），准备晚餐材料

7:30　吃早餐

8:00　洗晒衣物，吸尘

8:30　丈夫起床、吃早餐，在托儿所的联络簿上做记录，打扮，整理善后

9:00　上班，丈夫送女儿去托儿所

17:45　下班后，去托儿所接女儿回来

18:00　回到家，把晾干的衣物收进来，准备晚餐

18:45　吃晚餐

20:00　洗澡

20:45　和孩子玩耍（给孩子读绘本等）

21:00　孩子就寝。收拾餐具，整理要洗的衣服

23:30　就寝

【家务之于我】
“家务可以让心情归零。和每天都要洗澡一个道理，偷下懒就会感到不安。”

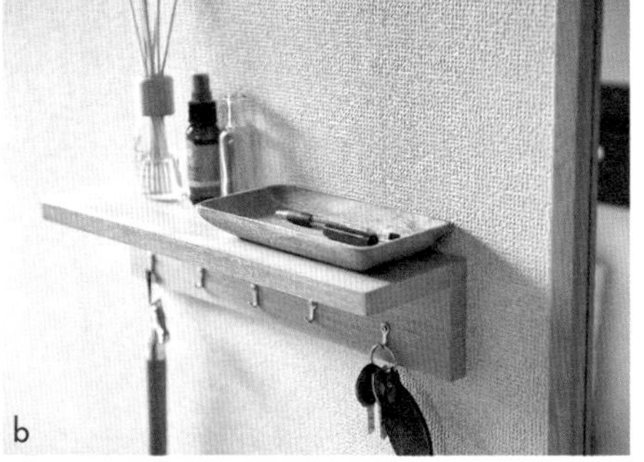

a. 为了回家后可以马上把包挂在玄关旁，* 无印良品的“可壁挂家具 · 横木 · 88 厘米”上安装了挂钩
b. 走廊里也设置了 * 无印良品的“可壁挂家具 · 架子 · 44 厘米”。架子上放有收快递时要用到的印章和笔，还有驱虫喷雾等。贴着墙壁的一面还安了挂钩，用来挂钥匙和鞋拔子
c. 洗衣机周围用一块帘子遮住。没想到很有整齐效果哦！滚筒式洗衣机上方安装有支杆组成的架子，有效利用空间

拜访处听说的

爱用物品推荐

从这次拜访的家庭那里，得知了不少做家务时爱用的物件和推荐品。想要效仿的东西有好多！

排水口用网夹

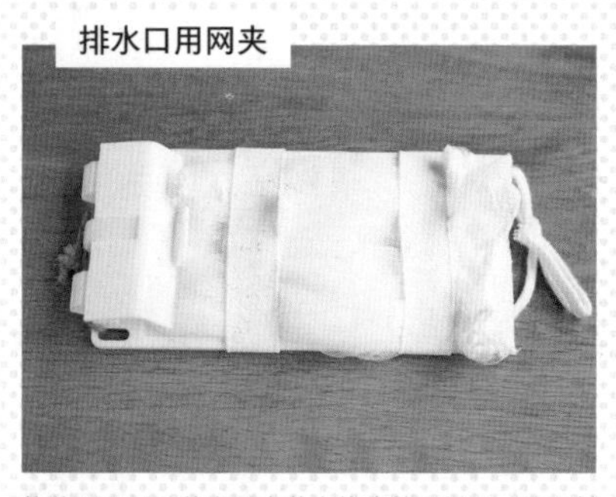

均价 100 日元的发票夹装上橡皮筋和绳子，手工制作排水口用网夹（山口家）

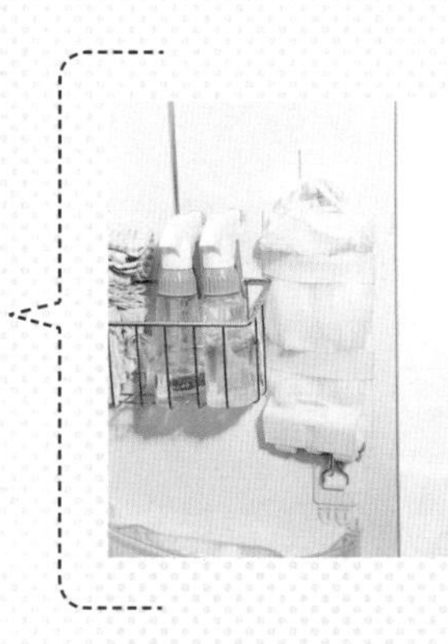

如图所示安装在水槽下方的门后。从上方就能轻松抽取

尿布收纳袋

带把手，移动便利。孩子过了要用尿布的时期后，改为收纳小物（森谷家）

*Square triple（ateliers PENELOPE）

洗涤套装

被包装和香味吸引而选择的洗涤产品。收集在珐琅质的碗中（照井家）

铝制衣架

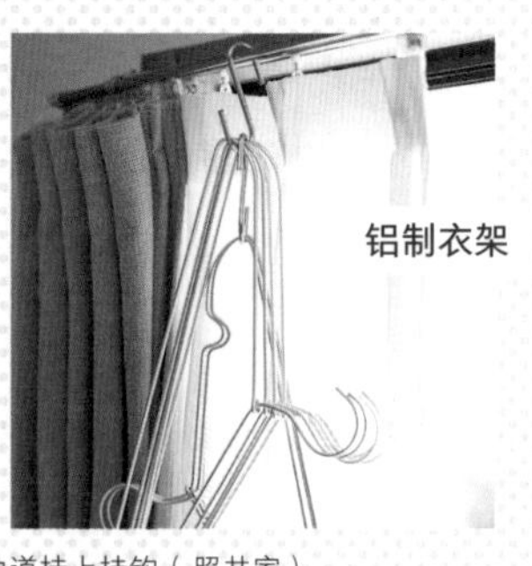

窗帘轨道挂上挂钩（照井家）

* 铝制衣架 · 3 个一组 宽 41 厘米，* 铝制衣架 · 防滑衣架 · 3 个一组 宽 41 厘米（皆为无印良品）

成套桌子

套叠式设计，节省空间。作为操作台、电脑放置处和来访客人的座椅都可以（森谷家）

擦手毛巾

滴上 1 滴香薰精油，夏天冰一下，冬天温一下。有来客时的贴心之举（足立家）

熨斗

水蒸气出得很多，可迅速熨平衣服褶皱，爱不释手（照井家）
*Free Move9940（T-FAL）

烹饪用铝箔

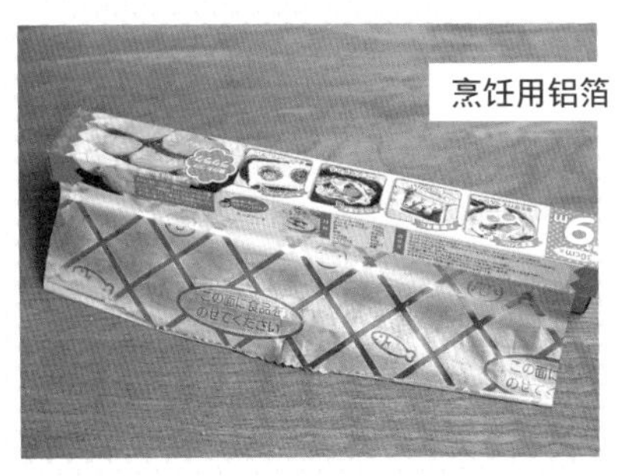

只要铺上一片，既吸油也不会粘上食材，善后处理步骤变得轻松许多（山口家）
平底锅专用铝箔 大号（Kureha）

海绵刷

起泡效果好，沥水也很快。如果颜色是白色或灰色更好（清水家）
*PAX NATURON 厨房海绵擦（太阳油脂）

防霉产品

自从用了这个，据说浴室里再也没出现过黑色霉斑。每月使用 1 次（清水家）
LOOK 浴室防霉烟雾剂（狮王）

多用途洗涤剂

从松树汁液中提取成分的洗涤剂。洗餐具、洗衣服、大扫除，1 瓶就足够啦（足立家）
* 松之力（Eco · Branch）

专栏 2

好在意！消耗品的替换频率

厨房海绵擦，抹布，浴室里用的毛巾……这些消耗品大家都是以什么样的频率，在什么时间点替换的呢？从前我就很在意消耗品的替换频率，所以这次采访时向大家询问了这个问题……关于海绵刷，“用到变形了就换，差不多1个月换一次吧”“可能是因为漂白过，海绵刷的纤维常会破损，容易沾上黑色污垢，大概2周换一次”“我们家是2个月替换”等，基本上是2周~2个月时间换一次。抹布的话，“我家不用餐桌抹布。要擦桌子时，会把除菌喷雾喷在厨房用纸上，擦完往垃圾箱里一丢就行”“餐桌抹布半年一扔，餐具抹布两三年左右替换一次。纤维缩小了的话，就再作为打扫用的抹布”“以工作用的擦布当抹布用。用3天左右，然后打扫的时候再用一用就可以扔了”等。虽说是“抹布”，大家用的素材却是五花八门，替换频率也是相差甚远。接着是毛巾，“来客用→自家用→随便用→一次性，按照这样的顺序来用”“温泉旅馆带回来的毛巾用10次左右，就用来当抹布或者洗车布。但自己看中买下的毛巾大概会用5年左右”“年末大扫除时，拿用坏的布来使”等，大家似乎都是用到不能再用时就索性扔掉的类型。

第三章

轻松打理家务的『房屋建造法』

容易打理家务的家，是什么样的呢？在第三章里，我会介绍一些设计巧妙的房子。同时，我这次采访到了房屋建造专家、建筑师伊藤裕子女士，询问了家务动线好的房屋的相关问题。

我参与设计的房屋

四口之家：丈夫（公务员）、妻子（专业主妇）、大儿子（小学一年级）、小儿子（幼儿园小班）
独栋房屋，建筑面积 122.55 平方米，房龄 1 年

a. 可以放下家人自行车的大玄关。木纹的玄关门装有金属制的磁贴，用的是 * 无印良品的“铝钩 磁贴式”。挂钥匙和经常用的打扫用具

b. 玄关旁较大的收纳空间放着户外野营用品。搬去车内或收拾起来时非常方便

c. 门背后装有一面镜子，穿鞋时可以检查全身搭配

不会过度收纳的开放式设计很不错

古桥家的太太友纪江女士，是我丈夫的姐姐，也就是我的大姑子。两年前，大姑子夫妇俩决定造房子，那时候我主要做的是接受他们关于家务空间收纳的咨询。为了弄清楚怎样的收纳方式比较好，首先我让大姑子“在现在的这个家里，观察自己一个星期的行动”。如发现平常的行动中有不便之处就加以改善，觉得不错的地方就延续下去。之后，我提出了关于收纳空间的建议，同时也让她注意“不要过度收纳”。我始终认为，一个能保持清爽整洁的家 = 容易把握家中物品总量的家，因此只留出收纳最少物品数量所需要的空间就够了。另外，我基本上选择的是取用方便、东西在不在一眼就能确认的“开放式收纳”法。

家人的替换衣物、洗好的衣服暂时放在这里，在这个离浴室和客厅很近的“家务空间”里，利用玩电脑的空余时间叠衣服

双手可及处设置必要的收纳设备

必须有挂衣架的场所

除了设置家务室，还要设置一条可卷折的晾衣绳，像酒店浴室里那样。阳台上收进来的洗晒衣物可以暂时挂在这里

在浴室里就能拿到

在离浴室最近的地方收纳毛巾和内衣的话，就不用担心洗完澡把地板弄得湿漉漉了……脱下的衣服放在橡胶桶里

上下都有毛巾挂杆

毛巾挂杆设置上下两根，分为大人用、小孩用。孩子能自己取用自己的小毛巾啦

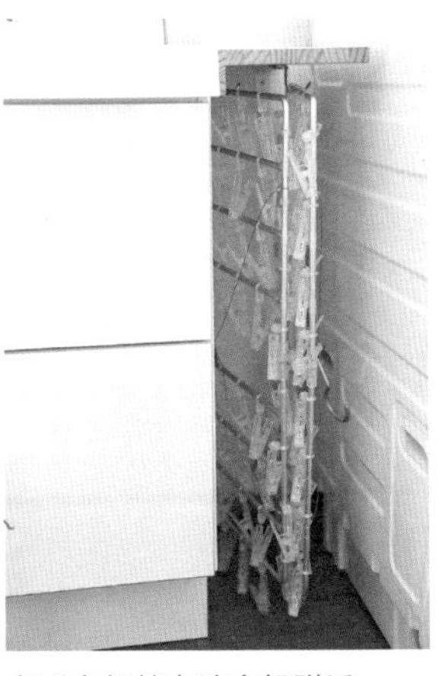

方形衣架放在洗衣机附近

方形衣架收纳在洗衣机周围，取用轻松。为此，洗脸台旁接了一个“L”形板，可以把方形衣架挂在下面的挂钩上

挂衣服的方式采取可移动式

随着孩子长大，可以更改挂衣服的位置。这样一来，就能最大限度地活用空间

物品放在最佳位置，厨房再无不便

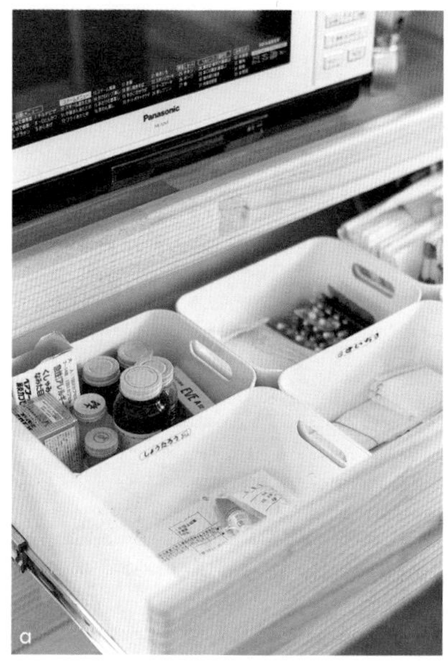

a. 古桥家的小朋友们是医院的“常客”，经常要吃药。因此，抽屉里有一层专门用来放药，按照名字和种类分别装在宜家的盒子里。药品存放处离用水处也很近，便于服药，动线上也没有问题

b. 到了冬天经常会用到的台式电气锅。插座装在比桌子稍高的位置，坐在椅子上就能轻松插拔插头

为了方便操作，下了不少功夫

a. 装米的盒子收纳在抽屉较高的一层，这样就不用弯腰舀米了，减轻负担。放在煮饭器周围也是一个小诀窍

b. 建造房子时就设定垃圾箱空间是开放式的，实际开始生活后，购买了可移动垃圾箱。另外，为了不使垃圾箱贴墙，用支杆做了支撑

c. 汤锅、平底锅竖着放在盒子里，一个动作即可取出

从做饭到打扫，在这个家中，古桥夫妇共同承担所有家务。“对于不擅长做菜的我来说，能给我端上一盘美味咖喱的丈夫，简直是我的‘神’（笑）”。即便是这样一位女性，也是我很好的家人。

“很多细节的地方，你都能为我考虑到。真的太感谢啦。”“哈哈哈”

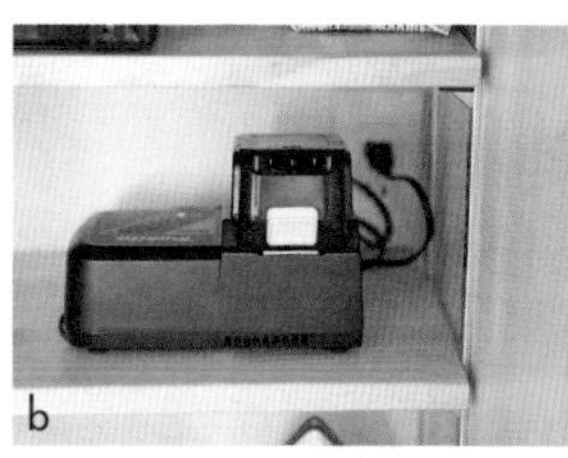

a. 古桥家 2 楼，唯一装了门的收纳处在冰箱旁边，用来放打扫用具。因为计划在最前面放牧田的吸尘器和一些长柄用具，所以隔板宽度做成了一半。隔板是可移动的，可以按照放置物品的高度进行调节。门后挂有垃圾袋

b. 柜子里设计好了插座，吸尘器放在收纳架上就能充电

不要过度设置收纳处

“这里有插座就好了”“柜子里设了个垃圾箱，但是失败了”……我在进行整理相关工作的过程中，经常从客户那里听到这样的声音，“要是这么做就好了”“好意外，似乎没必要这么做”等。随着这样的反馈越来越多，我开始觉得也许收纳这件事还是不要过度为妙。这次，在帮助古桥家设计收纳方式的时候，我参考了来自大家的意见，特别注意以最少的动作“适才适用”“由于生活是会发生变化的，所以要尽量建立可变的机制，即将架子、挂衣处做成可移动式”，从这些角度出发进行了设计。

话虽如此，收纳还是要配合自己的生活方式，亲自思考建立。随着时间的推移，古桥家的风格逐渐形成，在一旁观望的我，真心觉得有这样一个家真是太棒了。

我参与设计的房屋建造流程

（客厅、厨卫和洗脸场所）

听取大姑子日常的行动模式，

列出必要的收纳

画好设计图

提出厨房的零碎收纳全部放在抽屉里

→ P.114

列出放进抽屉收纳的物品

测量餐具、储存容器、库存食材的尺寸，

确定抽屉深度

提出在饭厅桌子附近，设置小型收纳处以收纳使用频率高的日用品（测量手持式收纳用品的大小，确定深度和高度）

→ P.117

关于洗脸场所的收纳，提出设计在浴室入口附近

→ P.113

按照手持式收纳用品尺寸确定搁架大小

确定完所有的收纳尺寸后，确认最终设计图并进行微调

完成

【家务之于我】

"越努力越有成就感。但是有时觉得不做也行，不太想干呢（笑）。"

a. 客厅角落处设计了开放式搁架。小朋友从里面取出、放回绘本都很容易。经常搞得乱糟糟的儿童玩具，收纳在*无印良品的"纸浆板·抽屉"中，杂乱感全无

b. 饭厅里友纪江女士的椅子斜后方，放了一个抽屉式收纳盒，里面放着文具、挖耳勺、指甲刀、涂抹药膏等，确保了一个放置"放在桌子周围很方便的物品"的收纳空间。这个场所格外受好评

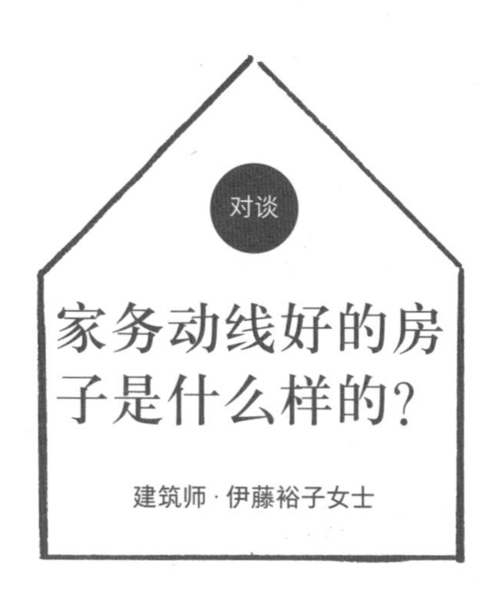

女性基本上都怕麻烦

伊藤女士（以下简称“伊”）

拜读了前一页您写的“设计巧妙之家”的收纳成果，实在佩服。连很细节的部分也都注意到了呢。

本多（以下简称“本”）

谢谢您。这次邀您对谈，是因为接受我整理收纳服务的一位客人，她的家让我打心里觉得“真是易于打理家务的房子啊”，后来得知原来是您的设计。所以我一直在关注着眼于家务动线、以女性视角看待房屋建造重点的您。

伊 我才应该感谢您，您这么说我很开心。说到家务动线，女性要做的事情很多，很忙碌，基本上大家都是怕麻烦的人吧？所以首先，我在设计时，会考虑怎样的行动可以**尽量以最少的动作完成。**

本 我也是个怕麻烦的人，对于“少量的动作”非常有同感。像“打开门，拉开抽屉，寻找需要的物品”这样需要多个步骤的动作，会让那个场所渐渐不被利用。因此我会尽量处理成一目了然的开放式收纳。

伊 高效处理家务还有一点很重要，就是**如同在家里画完整一笔似的“环游式动线”。**特别是洗衣服、晾晒衣物、做饭等，要做的事情非常多的早晨，**要让所有的家务活能在最短距离里做完，最大限度减少来来去去的步骤，所以房屋格局如果能够做到环游式移动，那挺不错的。**

本 是的。用吸尘器吸尘也好，“转一圈就完事”的话非常轻松。

收纳也好设计也好，重要的是动机理由

伊 关于厨房，**比起收纳的量，操作空间更重要。**也就是说，厨房操作台要尽量做长。操作台越长，家电可以放得越多，几个人站在里头都没问题。而且，做好的菜摆在盘子里排成一排，做菜时的压力也就没了。

本 “厨房收纳就是不管三七二十一都收纳起来”，并不是如此呢。

伊 说的没错。只要确保食品库存和餐具、料理用具的收纳空间，其他需要的东西适当放一下就好。吊挂式橱柜的收纳方法对于个子不高的人来说不太方便，最上层的位置会沦落为无效空间，所以我觉得即便不设计这种橱柜也没关系。

本　我在设计古桥家房子的时候也传达了这样的意思，“不需要过分的收纳。既然要收纳，‘为什么需要这样收纳’的理由更重要”。

伊　反过来说，**必须要确保的是放置垃圾箱的空间。**这是必需的。

本　我也这么认为。我已经听不少人提到因为没有放垃圾箱的场所而很困扰呢。那么还有其他什么收纳方式是不需要特别注意的？

伊　**步入式衣橱能放进任何东西，虽然很方便，但是需要保证足够的过道面积。房间里多装一些门，也能增加一定的收纳容量。**

本　确实如此。有时我也在想，明明可以不用走来走去就能立即拿到手的东西，为什么要特地设计成步入式呢。**存在着既不容易看见放在深处的东西，也难以把握整体收纳情况的缺点。**您还有哪些设计上特别留心的地方吗？

伊　最开始，我会建议“玄关和走廊都装上扶手”。对于年轻人来说，或许还没有这个必要，但是装上扶手有个优点，那就是不容易弄脏墙壁。考虑到是长时间居住的房屋，有了扶手，就能解决地面高低差的问题；门都采用无障碍设计的拉门，即使再过三四十年也能安心生活。而且，实际上在无障碍房屋中，做家务是极其方便的。

本　原来如此。确实是这样呢。

伊　说到“家务动线”，我并不光以效率为优先，而是以在厨房里活动方便为目的，比如设计从客厅角度看不见厨房的水槽、制作可以展示喜爱器具的架子等，经常会在设计中加入这些小点子。

个人简介

伊藤裕子

一级建筑师。二级福利居住环境协调师。以“连接人与自然、人与人的空间”为基本理念，进行住宅、店铺的设计工作。在无障碍设计、OM 太阳能灯、与自然共生的宜居房屋建造方面获得了广泛好评。主要以埼玉县熊谷市为主，活跃于日本各地。

让人想光着脚跑来跑去的大方格局

从这间房屋，可以了解到伊藤女士的设计优点。阻隔少的环游动线、按照生活方式变化可以随之改变的非封闭式格局、借助自然之力保障空间舒适的 OM 太阳能系统等，这是一个满载巧思的房子，家人们可以在里头好好生活。住户是 20 多岁的夫妇和他们 1 岁的孩子。建筑面积 105.58 平方米

熊谷夏日小屋

位于埼玉县熊谷市田园风景中的一座独栋平房。为了在夏天酷暑难耐的熊谷，也能尽量凉快舒畅地生活，外侧设计了较深的遮庇、袖壁以及可反射光线的白色外墙，周围种着夏日繁茂、冬日落叶的落叶树。从道路角度看，外观略微封闭，借邻地周边环绕的绿色为外景。是一处与自然共存、通风良好的住宅

① 客厅

①有效利用光照的舒适客厅。打开通往木材甲板的门，客厅与外面连为一体，更具开放感。厨房的水槽下方也是开放式设计，便于打扫

② 衣橱

②简式卧房里使用了成品衣橱，可再改工。收纳架的层板全部为可移动式

③ 书房

③以百叶窗区隔的半开放式书房，家人共用。墙壁是雅致灰的色调

④ 木材甲板

⑤ 洗手间

⑥ 玄关

④为遮蔽夏日强烈阳光所做的突出式遮庇顶

⑤简约宽敞的洗手间。水槽下方采取开放式设计，便于打扫。腰壁处贴着别有风情的马赛克瓷砖

⑥从玄关通过食品储藏室看见的厨房和饭厅的景象。穿过食品储藏室的设计，大大缩短了家务动线

\ 书末福利 /

本多家的家务爱用品

从平时家务活中用到的打扫用具、中意的内装，到进行家务和整理收纳服务咨询过程中经常穿的基础款服装。在这里，“本多家的家务爱用品”以目录分类形式一并大公开。

打扫用具 · 洗涤剂

迷你扫帚

* 桌上用扫帚 <带簸箕>（无印良品）

挂在玄关门上，打扫水泥地面时使用。小而好用的东西。

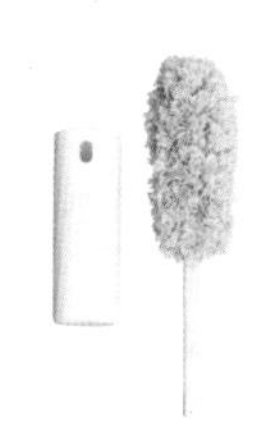

迷你拖把

* 超细纤维小型手用拖把（无印良品）

“左手拖把，右手牧田吸尘器”，是我的常见风格。

马桶刷

Scrubbing Bubbles 可锁可冲式马桶刷（Johnson）

一键安装刷头，打扫后直接冲进马桶。替换刷头也有卖。

地板刷 · 扫帚

* 打扫用具系列 刷子（※ 现在样式已有变更）、铝制伸缩杆、扫帚（皆为无印良品）

地板刷和扫帚用于打扫阳台。吊挂收纳于阳台放杂物的地方。

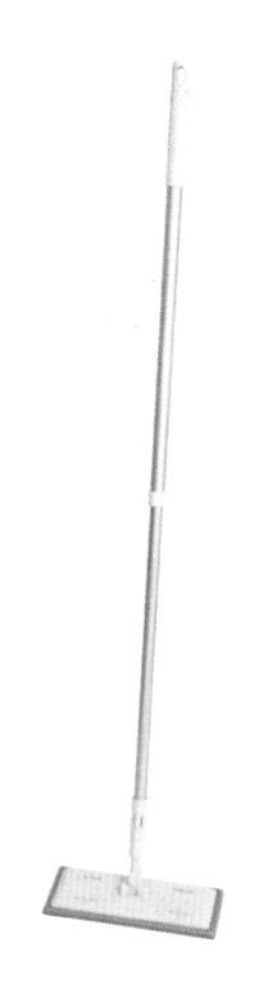

地板拖

* 打扫用具系列 地板专用拖把、
* 铝制伸缩杆（皆为无印良品）

装有一次性除尘纸，用于清洁厨房和洗手间地板，来回擦拭。

吸尘器

* 充电式吸尘器 CL070DS（牧田）

用起来像扫帚的无线吸尘器。自由自在，用过一次就爱不释手的轻便度。

三聚氰胺海绵、钢丝球、地板除尘纸

百元店购入

大包装买回来拆开，各取少量放进厨房的抽屉里。

浴缸海绵擦

*Scotch-Brite™ Bath Shining™ 抗菌海绵擦（3M）

挂在浴室的毛巾杆或架子上，沥水快，又卫生。形状也很方便使用。

刮水器

BathBon 刮水器（山崎产业）

从浴室出来之前，用这个好好去除水汽，能吊挂起来的带孔设计很不错。

厨房专用洗涤剂①

手持式喷剂（花王）

特别打扫时使用。针对炉盘架、炉灶下方、微波炉遮罩等处的厨房油垢。

厨房专用洗涤剂②

厨房泡沫（花王）

每周 2 次，含水垃圾处理日用这个打扫排水口。“完全依靠”泡沫，冲干净即可。

酒精喷雾

防霉 酒精除菌 厨房专用（Johnson）

主要用于厨房和洗脸台周围，家里所有地方都用它来擦！

含氧漂白剂

*PAX 含氧漂白剂（太阳油脂）

每年 1 次打扫洗衣机槽、偶尔毛巾需要煮沸清洗时，用含氧漂白剂是最好的。

浴室用洗涤剂

发泡喷雾 墙壁防霉加强版（花王）

浴缸、洗脸盆等喷一喷再擦洗。液体无色透明。

马桶用洗涤剂

洁厕喷雾 抗菌加强版（狮王）

厕所用纸上喷一喷，地板、坐便器一擦即可。打扫轻松！

用具

料理用具

* 陶瓷碗 粉引（长谷园）

剩下的饭放进里头放入冰箱。用微波炉可以重新加热，保持美味。

有机硅厨房用具

* 有机硅料理勺（无印良品）

可用来舀出汤汁、米饭、小菜，或火锅边的余沫……总之是件万能品！

计量勺

计量勺 大·小（相泽工坊）

柄很长，可以直接搅拌。吊挂起来收纳，想用就用。

不锈钢水壶

水壶（相泽工坊）

对这个壶一见钟情。小小一个但很能装，令人意外。

防流走淘米筛

淘米防漏挡板（曙产业）

不用笊篱也能防止大米流走，让人开心的小道具。能缩短淘米时间。

木制托盘

“d47 食堂”①里用的同款托盘（D&DEPARTMENT）

用于在厨房与餐桌之间移动食材。一个人吃饭的时候，会摆上餐具弄成“套餐”风格。

竹制大勺

（下本一步·作品）

经常互赠生活用品的朋友那里收到的生日礼物。在吃各类锅料理的季节使用频繁。

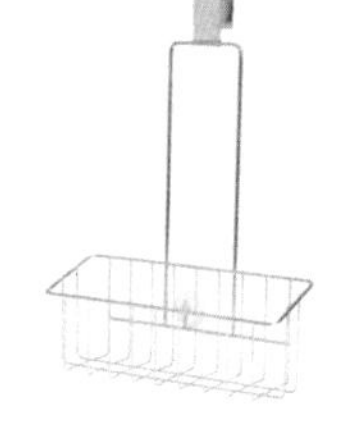

厨房收纳用具

挂篮一层（SHIMIZU）

置于厨房水槽下面的门后。密封袋等袋装品放在里头。

白铁皮迷你水桶

* 木把手白铁皮水桶（松野屋）

擦地板的时候，用这个蓄水，带着抹布一起移动。

洗涤用刷具

* 一键式手持洗刷器（OXO）

用这个预洗丈夫衬衫的领子。按一下洗涤剂就会出来的设置，很方便。

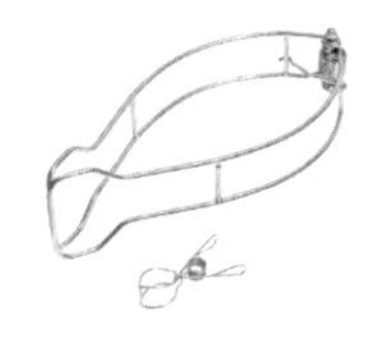

被子夹

不锈钢被子夹（大木制作所）

好用、多功能。不累赘的形状，使日常的洗涤晒被变轻松。

花剪

* 花剪（F/style）

终于遇到了理想的花剪！外观、锋利度，无可挑剔。

① 位于东京，由空间设计师打造的日式轻食餐厅。

容器

玻璃缸

焦点玻璃缸（ChaBatree）

作为即食麦片、茶包等物的储存罐，置于厨房架子上。

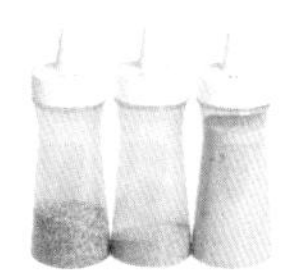

业务用瓶子（放干货）

调料瓶（Tenpos）

左起分别为白芝麻、味之素调味料、黄豆粉。想用多少取多少，无负担。

米缸

*密封储藏容器

大号方形 < 高 >（OXO）

开合顺畅的容器用来作米缸。密封性好，不必担心混入米虫。

茶包容器

木盖子、瓶子（WECK）

WECK 的瓶子配上另买的木盖子，好可爱。用来储存红茶茶包。

各种储存容器

（怡万家、野田珐琅、Ziploc）

准备了好几种用来放食材备料、小菜备菜的容器。注意不要买太多。

调料瓶

*便携式调料瓶（Cellarmate）

酱油、酒、甜料酒倒入瓶子后放进冰箱。放入日期也写在标签上贴好。

文具

便笺

*Post-It® 便利贴（3M）

便笺笔记 = 我脑中所有想到的，这么说也不为过！想到就写下来是我的习惯。

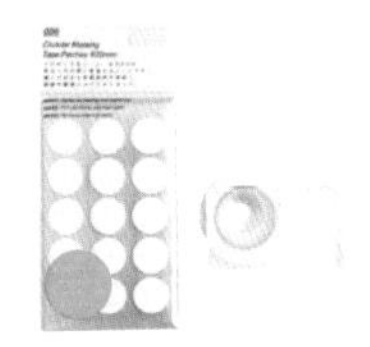

遮蔽胶带

遮蔽圆贴（Nitoms）

做日期标签、文件分类用……白色的遮蔽胶带使用便利。

二孔透明文件夹

带扣透明文件夹（Lihit-Lab）

轻松归档，十分方便。我还用它来管理客户资料。

胶带

点点胶黏胶贴（国誉）

将要保存的资料粘贴在手账上时使用。即使改用新手账，也能顺利转移过去。

钢笔

safari 白色钢笔（凌美）

30 岁纪念时第一次买的钢笔。用这样的笔，都想好好写字了。

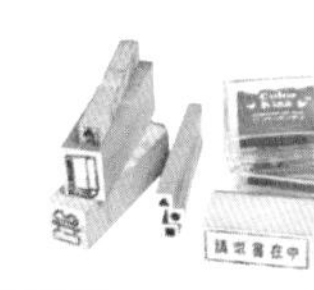

各种印章

（noritake 等）

有和没有，大相径庭。有一个的话，便利得多。

布

手帕

（Kamawanu 等）

旅行中替代毛巾，天热时围在脖子处，多种用途。

厨房用格子布巾

（奥尔丁）

好擦、快干、大小合手、可晾挂。全都是我看中的点。

定制窗帘

棉平织花纹帘子 / 人工制作（无印良品）

拆下壁橱的帘子，作窗帘用。由于是定制的，大小合适。

麻布

* 麻平织多用途布（无印良品）

长方形的用作餐具垫，正方形的用作马桶擦布。上面有可吊挂的小洞。

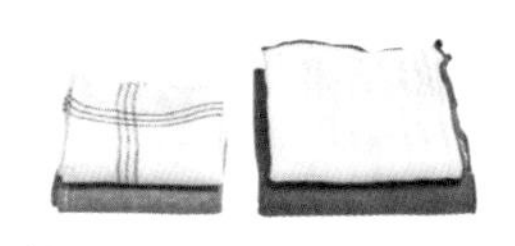

手帕

我喜欢用亚麻的，丈夫爱用纱布的。亚麻快干，经常用。

各种毛巾

* 有机棉蜂巢织浴巾、擦脸巾（皆为无印良品）

我家的毛巾，全都选择亲肤易干的，统一为本白色。

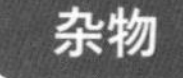

杂物

古木杂货

（仁平古家具店等）

经过岁月洗礼、古色古香的木质杂货，在我家书架、装饰架上随处可见。

插花容器①

（和田麻美子 · 作品）

靠直觉选择的一款，放在哪里都能与环境融合。插上一支华丽小花，尽显风情。

插花容器②

古董小瓶“Yura Yura 花器”（增田由希子 · 作品）

小花截短枝插好，很棒的小物件。放在厕所作装饰。

房屋小摆件

我很喜欢陶器物件。家里放着许多旅行时发现的好东西。这是从松本带回来的。

铝制时钟

虽然没有必要，还是对这个物件一见钟情了。去名古屋旅行时买的。

古董牌子

（吉田商店）

实际上是个 24 厘米的牌子。被我放在厨房的帘轨上作装饰。

放松

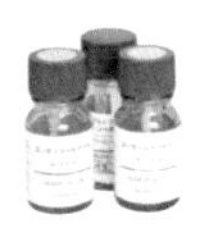

各类精油

* 精油（无印良品）

准备多种，配合当下心情选择使用。被自然的香气治愈着身心。

身体护理油

* 芳香身体护理油（AYURA）

倏然扩散的香气，如同“针灸”效用般。一直重复购买。

草本茶

摩洛哥薄荷·安睡型（Far Leaves Tea）

试饮时，我们夫妇俩都喜欢的味道。经常作为礼物送人。

放松贴片

蒸汽眼罩、蒸汽贴（花王）

想要疗愈疲惫的身体时，就寝前使用。旅行时也带着，随时放松。

香薰灯

* 香薰灯 S（MARKS&WEB）

在脚边照亮的暖暖灯光和怡人芳香，兼具二者功能的优秀产品。

香味蜡烛、熏香

（蒂普提克、arts&science）

喜欢的香味，愉悦的治愈系。蜡烛只剩一点的时候，长熏香就很方便啦。

衣装行头

懒人鞋

*Dansko Ingrid（Dansko）

我个人的基本配备。一周的一大半时间都穿着它。走路舒适，易搭配衣服。

内搭

* 带胸垫贴身吊带衫（PRISTINE）

从喜欢有机面料的朋友那里收到的。穿着舒适，一周穿 3 回。

睡袍

（evam eva、Art de V.）

作为简单搭配，可直接披上，有型有款。还能遮盖体型不足处。

宽腿裤

*CHICU+CHICU 裤装（CHICU+CHICU5/31）

由于工作关系，我站站坐坐的动作很多，宽腿裤是我的好伙伴。

马裤

（Bshop，arts&science）

比起直筒裤更修身，工作时常穿。下半身看上去很紧致。

七分袖针织衫

（Permanent Age）

触感极佳的内搭，不知不觉总爱穿着它。款型也很有女人味。

本书中出现的商品品牌及咨询方式

此页为本书中带“*”商品的咨询方式和品牌出现页码。

品名 / 尺寸 · 容量等 / 价格（日元，含税）/ 出现页码

■爱丽思欧雅玛股份有限公司 ☏ 0120-211-299
壁橱挂杆 OSH-Y17/ 宽 75~130 × 深 40 × 高 82~100 厘米 / 市场价 /P19
极细碎纸机 PS5HMSD 棕色 / 宽 18 × 深 38 × 高 40.8 厘米 / 市场价 /P49、59

■ ateliers PENELOPE ☎ 03-5724-3815
Square triple 茶色 / 高 16 × 宽 42 × 深 14 厘米 / ¥7,560/P106

■ AYURA COMMUNICATION STUDIO
☏ 0120-090-030
芳香身体护理油 /100 毫升 / ¥3,780/P127
Aroma Washer · 身体清洗剂 /300 毫升 / ¥1,728/P75

■ WEALTH JAPAN 股份有限公司 ☎ 089-924-3671
头发过滤斗 / ¥980/P30

■ Eco-Branch ☎ 052-503-1002（鹤田商会股份有限公司）
松之力 /2 升 / ¥3,218/P107

■ F/style ☎ 025-288-6778
花剪 池坊 / 碳素钢 黑染色 /5 寸（150 毫米）/ ¥3,780/P124

■ OXO ☏ 0570-03-1212
密封储藏容器 大号方形 < 高 >/ 宽 16 × 深 16 × 高 32 厘米 / ¥3,024/P125
一键式手持洗刷器 / ¥1,080/P124

■ GANORI ☎ 03-6434-1909（GANORI 涩谷 HIKARIE ShinQ 店）
燕麦 · 原味和风牛蒡混合食品 /190 克 / ¥1,050/P75

■生活道具 松野屋 ☎ 03-3823-7441（谷中 松野屋）
木把手白铁皮水桶 /2.5 升 / ¥1,296/P124

■信州里的点心工坊股份有限公司 ☎ 0265-86-8730
山之幸 栗子点心 / ¥864/P75

■ SIMPLE HUMAN ☎ 042-769-2802（MAKINO TRADING 股份有限公司）
SIMPLE HUMAN 长方形脚踏式回收桶 46 升 / 宽 50.3 × 深 34.9 × 高 65 厘米 / ¥25,920/P48、49
※ 整体型号式样有变更，请注意。

■ STAUB ☏ 0120-75-7155（ZWILLING J.A.HENCKELS JAPAN 股份有限公司）
珐琅铸铁锅 /22 厘米 / ¥29,160/P40

■ 3M（3M JAPAN 股份有限公司）※ 各商品的咨询方式不同，请注意。
高曼 ™ 胶条、高曼 ™ 挂钩（☏ 0120-510-186）/ ¥345~/P27、29、49、81
Scotch-Brite™ Bath Shining™ 抗菌海绵擦附特殊研磨粒子（☏ 0120-510-733）/ ¥442/P123
Post-It® 便利贴（☏ 0120-510-333）/ ¥194~/P125

■ Cellarmate ☎ 03-5401-1746（星硝股份有限公司 · Cellarmate 销售组）
便携式调料瓶 500/500 毫升 / ¥1,080（※2015 年 3 月起，变更为 ¥1,188）/P125

■太阳油脂 ☏ 0120-894-776
PAX NATURON 厨房海绵擦 / ¥162/P107
PAX 含氧漂白剂 /500 克 / ¥464/P32、37、123

■田之步 ☏ 0120-370-293（中村屋股份有限公司 客户服务中心）
田之步 · 田之蓑 苦味巧克力 · 抹茶巧克力 / 各 ¥432/P75

■ DANSKO ☎ 03-6427-9440（Seastar 股份有限公司）
Dansko Ingrid/ ¥21,600/P127

■辻和金网 ☎ 075-231-7368
圆形沥水篮 / 直径 23 × 高 10.5 厘米 / ¥5,400/P42

■ T-FAL ☏ 0570-077772（客户服务中心）
IH 对应 不粘锅 /28 厘米 / ¥7,128/P40
Free Move 9940/ ¥27,216/P107

■尼达利股份有限公司 ☏ 0120-014-210（客户咨询室）
折叠垃圾箱 设垃圾袋固定架 / 宽 38 × 深 32 × 高 45 厘米 / ¥1,018/P49

■ HIGHTIDE ☎ 050-3368-1722
A5 大小月计划手账本 FUGEN/ 宽 15.2 × 长 21.7 厘米 / ¥1,836/P64

■长谷园 ☎ 03-3440-7071（长谷园 IGAMONO 东京店）
陶瓷碗 粉引（大）陶制竹苇 · 附底板 CT-73/ 直径 16 × 高 11 厘米 2 合份 / ¥5,508/P124

■ PRISTINE ☎ 03-3226-7110（PRISTINE 总店）
带胸垫贴身吊带衫 / ￥6,804/P127

■ MARKS&WEB www.marksandweb.com
香薰灯 S/ ￥2,052/P127
草本浴盐 40 克 / ￥216~/P75
手工植物皂 /40 克 / ￥216/P75
保湿草本面膜 薰衣草 · 甘菊 4 包装 / ￥1,188/P75

■牧田股份有限公司 ☎ 0566-98-1711（代表）
7.2V 充电式吸尘器 CL070DS（附电池、充电器）/ ￥15,012/P24、30、122

■无印良品 池袋西武 ☎ 03-3989-1171
麻绳（100 米）/ ￥250/P58
麻平织多用途布 / 宽 50 × 长 50 厘米 / ￥750/P126
麻平织多用途布 / 宽 34 × 长 90 厘米 / ￥1000/P126
铝钩磁贴式小 · 3 个（※ 现已变更式样）/ ￥400/P23、111
铝制方形衣架 大号 · 带 PC 夹子 <40 个夹子 >/ 宽 51.5 × 长 37 厘米 / ￥2,800/P36
铝制衣架 · 3 个一组 / 宽 41 厘米 / ￥320/P36、106
铝制衣架 · 防滑衣架 · 3 个一组 / 宽 41 厘米 / ￥350/P36、106
有机棉蜂巢织 擦脸巾 · 本白色 /34 × 85 厘米 / ￥650/P126
有机棉蜂巢织 浴巾 · 本白色 /70 × 140 厘米 / ￥2,000/P126
精油 · 助眠款 /10 毫升 / ￥1,470/P127
精油 · 玫瑰 /10 毫升 / ￥1,050/P127
精油 · 薄荷 /10 毫升 / ￥1,470/P127
落棉抹布 · 12 块一组 /40 × 40 厘米 / ￥500/P43
可叠放亚克力 2 层抽屉 · 大 / 宽 25.5 × 深 17 × 高 9.5 厘米 / ￥2,000/P93
可叠放亚克力盒子 内里丝绒隔层 · 多格 · 灰色 / 宽 16 × 深 12 × 高 2.5 厘米 / ￥1,000/P93
可叠放亚克力盒子 内里丝绒隔层 · 竖向 · 灰色 / 宽 16 × 深 12 × 高 2.5 厘米 / ￥400/P93
可叠放亚克力盒子 内里丝绒隔层 · 大号 放项链用 · 灰色 / 宽 24 × 深 16 × 高 2.5 厘米 / ￥840/P93
可叠放藤条长方形篮子 · 大号 / 宽 36 × 深 26 × 高 24 厘米 / ￥3,300/P81
可叠放藤条长方形篮子 · 小号 / 宽 36 × 深 26 × 高 12 厘米 / ￥2,300/P81
可壁挂家具 · 架子 · 44 厘米 水曲柳 天然 / 宽 44 × 深 12 × 高 10 厘米 / ￥1,900/P105
可壁挂家具 · 架子 · 88 厘米 水曲柳 天然 / 宽 88 × 深 12 × 高 10 厘米 / ￥3,500/P87
可壁挂家具 · 横木 · 88 厘米 水曲柳 天然 / 宽 88 × 深 4 × 高 9 厘米 / ￥2,800/P105
可自由组合的 3 色圆珠笔 · 笔芯 · 0.3 毫米 · 极细型（橙色、蓝色）/ 各 ￥80/P64
可自由组合的 2 色圆珠笔 · 笔杆（附自动签字笔）0.5 毫米自动铅笔 / ￥280/P64
硬质纸浆 · 文件盒 / 宽 13.5 × 深 32 × 高 24 厘米 / ￥1,500/P53
硬质纸浆盒 · 带盖子 / 宽 25.5 × 深 36 × 高 32 厘米 / ￥2,170/P60
硬质纸浆盒 · 带盖式 · 浅盒 / 宽 25.5 × 深 36 × 高 8 厘米 / ￥1,200/P66
可擦极细圆珠笔 · 0.4 毫米 / ￥180/P64
打扫用具系列 · 铝制伸缩杆 / 直径 2.5 × 长 68~116 厘米 / ￥390/P122
打扫用具系列 · 刷子（※ 现已变更式样）/ 宽 15 × 深 7 × 高 20 厘米 / ￥390/P122
打扫用具系列 · 地板专用拖把 干式 / ￥490/P122
打扫用具系列 · 扫帚（※ 现已变更式样）/ 宽 22 × 深 3 × 高 23 厘米 / ￥490/P122
有机硅料理勺 / 长 26 厘米 / ￥850/P124
不锈钢挂钩式夹子 4 个装 / 宽 2 × 深 5.5 × 高 9.5 厘米 / ￥400/P35
不锈钢笔夹 2 支用 / ￥525/P64
桌上用扫帚 < 带簸箕 >/ 宽 16 × 深 4 × 高 17 厘米 / ￥390/P33、122
电冰箱 · 270 升 MJ-R27A/ 宽 60 × 深 65.7 × 高 141.9 厘米 重 64 千克 / ￥90,000/P46
尼龙可折叠分类盒 · 中号 /26 × 40 × 10 厘米 / ￥600/P61
纸浆板 · 抽屉 / 宽 37 × 深 27.5 × 高 37 厘米 / ￥1,500/P117
PP 垃圾箱 · 带盖子 · 小尺寸（分类式样）/ 宽 21 × 深 42 × 高 38 厘米 · 20 升 / ￥1,500/P49
PP 塑料收纳盒 · 抽屉式 · 深 / 宽 34 × 深 44.5 × 高 30 厘米 / ￥1,500/P53
PP 封套活页笔记本 · 带口袋 · A5 大小 · 白色 90 张 · 点格 / ￥550/P68
PP 塑料盒 · 无纺布分隔盒 · 小号 · 2 个装 / 宽 12 × 深 38 × 高 12 厘米 / ￥400/P19
超细纤维小型手用拖把 / 长 33 厘米 / 宽 6 × 深 7 × 高 30.5 厘米 / ￥490/P24、122

■ LOHACO http://lohaco.jp/support/（爱速客乐股份有限公司 LOHACO 客服部）
爱速客乐 硬纸板收纳箱（组装式）L 白色 / 宽 29 × 深 36.3 × 高 31 厘米 / ￥626/P61

■ CHICU+CHICU5/31
http://chicuchicu.com
CHICU+CHICU 裤装（白色宽腿裤）/ ￥15,000/P54、127

后　记

把洗好的衣服拿出来晾晒完毕之后，看到空空如也的洗衣机，心情都变得畅快无比。但是，这样的状态转瞬即逝，维持不了多久。不得不洗的内衣、毛巾又会马上堆积起来，第二天还得使用洗衣机。家务是不断重复的作业，所以累积所花的时间与精力在人生中占据了非常大的比例。正因如此，我认为一个家，应该也是能够高效做好家务活的“工作场所”。让某个动作做起来更轻松，减少移动脚步的步数，看看行不行呢？一点一点地将进步累积起来，把你的“工作场所”变得更加愉快吧。

出版后记

家务，大概是很多人心中最不愿做，却又必须做的事了吧。光是想一想，就觉得很累，觉得麻烦，打从心底不想开始。

本书的主人公本多沙织，就是一个这样怕麻烦的人，成为家庭主妇后，也经常想着怎么做才能在家务活里“偷点儿懒”。于是，她不断地在自己家中试验、调整，终于发现，家务过程中的阻力大都来自收纳问题。如果能打造出一个让家务做起来流畅又便捷的收纳环境，设计出符合全家人生活习惯的家务流程体系，那么做家务自然会变成一件不那么有压力的事。反之，要是做家务时一直觉得烦心、费力，那可能就需要回顾家居收纳，进行改善。

在这本书中，本多沙织详尽地介绍了自己家的日常家务流程、实用家务技巧，以及一些个人爱用的家务工具。除此以外，她亲自探访了5个不为家务苦恼的家庭，仔细观察其生活习惯、家务方式，和家居收纳设计之间的关系。她看到，这些家庭的主妇们都有自己生活的侧重点，为此，她们积极地思考、尝试，摸索出了方便做家务的改进方法，并逐渐形成了具有个人特色的固定家务日程表，不仅成功使自己的家处处充满着明亮干净的阳光，也让家人能时时刻刻感受到家中温馨而清新的氛围。

随后，本多沙织将自己体悟到的知识，成功运用到了亲人的新家设计，获得了不错的反馈。每个家庭都有适合自己的家务技巧和收纳方式。书中介绍的方式也许有些适合你的家庭，有些则实践起来比较困难。你可以通过这本书，了解家居收纳的设计要点，再配合自家的情况，灵活思考，找出最适合自己的家务方法。

做好家务，其实没有那么难，只要从“关心家人”的角度出发，使家务服务于每一个人，它就能为我们带来“舒适生活”的奖励。希望打开这本书的你，也能感悟到更轻松的家务方法，从而收获更愉悦的心情。

服务热线：133-6631-2326　188-1142-1266

读者信箱：reader@hinabook.com

后浪出版公司

2019 年 1 月

四川省版权局
著作权合同登记号
图字：21-2018-617

图书在版编目（CIP）数据

收纳，让家务更轻松 /（日）本多沙织著；陈怡萍译. -- 成都：四川人民出版社，2019.5
ISBN 978-7-220-11158-7

Ⅰ.①收… Ⅱ.①本… ②陈… Ⅲ.①家庭生活—基本知识 Ⅳ.①TS976.3

中国版本图书馆 CIP 数据核字 (2018) 第 294418 号

＜日本語版制作スタッフ＞
デザイン／葉田いづみ
間取り作成／アトリエプラン
写真／林ひろし（P.119 ~ 121は除く）
文／宇野津暢子
校正／西進社

本书中文简体版由银杏树下（北京）图书有限责任公司出版发行。

SHOUNA RANG JIAWU GENG QINGSONG
收纳，让家务更轻松
［日］本多沙织 著
陈怡萍 译

选题策划 后浪出版公司
出版统筹 吴兴元
编辑统筹 王 頔
责任编辑 石 云
特约编辑 俞凌波
装帧制造 墨白空间·陈威伸
营销推广 ONEBOOK

出版发行 四川人民出版社（成都槐树街 2 号）
网 址 http://www.scpph.com
E - mail scrmcbs@sina.com
印 刷 北京利丰雅高长城印刷有限公司
成品尺寸 143mm × 210mm
印 张 4.25
字 数 100 千
版 次 2019 年 4 月第 1 版
印 次 2019 年 5 月第 2 次
书 号 978-7-220-11158-7
定 价 38.00 元

后浪出版咨询(北京)有限责任公司常年法律顾问：北京大成律师事务所 周天晖 copyright@hinabook.com

本书若有质量问题，请与本公司图书销售中心联系调换。电话：010-64010019

《打理生活》

著　　者：[日]本多沙织

译　　者：陈怡萍

书　　号：978-7-5356-8282-6

出版时间：2018.02

定　　价：38.00 元

收纳并不是强制性的家务，或是丢弃自己的心爱之物，它只是为实现理想生活所做的些许“投资”。通过把收纳同化为简单的生活习惯，即使住在狭窄的小家里，本多沙织也能把喜爱的物品收拾得整洁利落，处处洋溢着生活的情趣。

在这本书中，她以自己家为例，展示不断摸索总结的轻简收纳技巧，同时分享自己在衣、食、住、行各个方面的日常习惯，告诉每一个读者，家不是生活的负累，而是可以安心度过每分每秒的幸福所在。